Guido Klette | Tarik El-Hussein | Sándor Vajna (Hrsg.)

TEAMCENTER EXPRESS – kurz und bündig

Guido Klette | Tarik El-Hussein

TEAMCENTER EXPRESS – kurz und bündig

EDM/PDM Grundlagen und Funktionen sicher erlernen

Herausgegeben von Sándor Vajna

STUDIUM

VIEWEG+
TEUBNER

Bibliografische Information der Deutschen Nationalbibliothek
Die Deutsche Nationalbibliothek verzeichnet diese Publikation in der
Deutschen Nationalbibliografie; detaillierte bibliografische Daten sind im Internet über
<http://dnb.d-nb.de> abrufbar.

1. Auflage 2008

Alle Rechte vorbehalten
© Vieweg+Teubner | GWV Fachverlage GmbH, Wiesbaden 2008

Lektorat: Thomas Zipsner | Imke Zander

Vieweg+Teubner ist Teil der Fachverlagsgruppe Springer Science+Business Media.
www.viewegteubner.de

Umschlaggestaltung: KünkelLopka Medienentwicklung, Heidelberg
Technische Redaktion: Stefan Kreickenbaum, Wiesbaden

Gedruckt auf säurefreiem und chlorfrei gebleichtem Papier.

ISBN 978-3-8348-0618-5

Am Lehrstuhl für Maschinenbauinformatik der Otto-von-Guericke-Universität Magdeburg (LMI) werden Studenten seit vierzehn Jahren an führenden 3D-CAx-Systemen ausgebildet sowie seit einigen Jahren an EDM/PDM-Systemen. Im Fokus der Ausbildung steht die Vermittlung eines umfassenden Wissens sowie Grundfertigkeiten in der Anwendung der CAx-Technologie in Verbindung mit EDM/PDM-Systemen. Dazu bearbeiten die Studenten auf ihrem Weg zum Diplom eine große Anzahl von Beispielen und Projekten allein oder gemeinsam im Team an mindestens vier verschiedenen 3D-CAx-Systemen und an mindestens zwei verschiedenen EDM/PDM-Systemen.

Das vorliegende Buch nutzt die vielfältigen Erfahrungen, die während dieser Ausbildung gesammelt wurden. Die Grundlagen eines EDM/PDM-Systems werden ebenso behandelt wie spezielle Funktionen von Teamcenter Express. Somit kann der Leser parallel zu den Erläuterungen das Erlernte sofort praktisch anwenden und festigen. Aufgrund des Anspruchs „kurz & bündig" kann nur eine Auswahl der grundlegenden Elemente eines komplexen EDM/PDM-Systems wie Teamcenter in diesem Buch abgebildet werden. Beginnend mit einer Einführung in das System werden die grundlegenden Elemente erläutert, die in den fortlaufenden Übungen als Basis dienen. Anschließend werden einfache, später komplexere Vorgehensweisen sowie die Integrationen in verschiedene CAD-Systeme behandelt.

Das Buch spricht Leser ohne oder mit geringer Erfahrung in der Anwendung von EDM/PDM-Systemen an. Es soll das Selbststudium unterstützen und zu weiterer Beschäftigung mit der Thematik anregen. Durch den Aufbau des Textes in Tabellenform und die zahlreichen Abbildungen ist dieses Buch sehr gut als Schritt-für-Schritt-Anleitung geeignet, kann darüber hinaus auch als Referenz für die tägliche Arbeit mit dem System genutzt werden. Es können natürlich nicht alle Details behandelt werden. Es wird aber stets Anregung zum weiteren Ausprobieren gegeben. Denn nichts ist beim Lernen wichtiger, als eigene Erfahrungen zu sammeln.

Die Autoren danken dem Geschäftsführer der AH CadFans GmbH, Herrn Adam Hodgson, für die Unterstützung und die zeitweilige Freistellung von der Tagesarbeit, die notwendig war, um das vorliegende Werk zu erstellen. Die Firma AH CadFans GmbH ist exklusiver Vertriebspartner von Siemens PLM Software für den Bereich Forschung und Lehre (www.CAD4academics.de). Besonderer Dank der Autoren gilt Herrn Peter Büchele, Teamcenter Experte von Siemens PLM Software, für die fachliche Richtigkeit, Herrn Christian Kränzel und Herrn Michael Schabacker vom LMI für die vielen kreativen Anregungen sowie dem Team des Vieweg+Teubner Verlages Lektorat Technik für die konstruktive und erfreuliche Zusammenarbeit. Die Autoren sind auch dankbar für jede Anregung aus dem Kreis der Leser zu Inhalt, Darstellung und Reihenfolge der Themen.

Magdeburg, im Juli 2008   Guido Klette

                                                                         Tarik El-Hussein

                                                                         Sándor Vajna

Inhaltsverzeichnis

Zum Arbeiten mit diesem Buch

Das in den Abbildungen und der Ausführung dieses Buches verwendete Betriebssystem ist MS WindowsXP®. Es werden Grundkenntnisse im Umgang mit Windows vorausgesetzt. Das Buch ist auf Basis der Version Teamcenter Express 3 entstanden. Die Kapitel bauen aufeinander auf und können von vorn beginnend durchgearbeitet werden. Da viele Teamcenter Express Themen ineinander greifen, wird an den entsprechenden Stellen auf die anderen Kapitel verwiesen. Viele Funktionen und Menüs sind ebenfalls in der Version Teamcenter Express 2.X zu finden und werden voraussichtlich in künftigen Versionen ähnlich oder erweitert abgebildet sein. Für das anschauliche Arbeiten mit Teamcenter Express werden im Buch CAD-Daten des Lehr- und Übungsbeispiels eines Unimogs verwendet. An gegebenen Stellen wird sich auf dieses Beispiel bezogen.

Zusätzlich zu diesem Buch ist beim Vieweg+Teubner Verlag ein Download-Bereich OnlinePLUS mit den im Buch verwendeten Daten eingerichtet (*www.viewegteubner.de/onlineplus*). Hier können die Teile-Dateien der verwendeten Beispiele heruntergeladen und in Teamcenter nach im Buch beschriebenen Vorgehensweisen importiert werden. Dort sind auch Stapelverarbeitungsdateien, Einstellungsdateien und Installationsschritte verfügbar (im Text am nebenstehenden Icon ersichtlich).

Die Maus zeigt an, dass die beschriebene Funktion sofort am System ausprobiert werden sollte, um das Verständnis und das Erlernte zu festigen.

⚠ Das Warndreieck weist auf eine potenzielle Fehlerquelle hin. Hier sollte besonders sorgfältig gearbeitet werden.

Der Notizblock zeigt wichtige Sachverhalte, die eingeprägt werden sollten.

⇨ der Pfeil steht für einen nächsten Schritt in der Abfolge der Bearbeitungserklärung.

Kursiv dargestellte Schrift kennzeichnet sämtliche im System dargestellten Texte, Befehle, Buttons, Beschriftungen in Dialogen etc.

[50] geklammerte Zahlen oder Namen kennzeichnen Eingaben in Dialoge.

Unterstrichen sind gelegentlich Sachverhalte und Fakten, um mögliche Missverständnisse zu vermeiden.

Fett dargestellt sind Überschriften zu Begriffs- und Funktionserläuterungen.

`# Programmzeilen oder \\Pfadangaben` haben diesen Schriftfont.

LMT und RMT stehen für Linke bzw. Rechte MausTaste.

1 Einführung

1.1 PLM - Product Lifecycle Management

PLM bezeichnet ein strategisches Konzept mit dem Ziel, den gesamten Produktlebenszyklus (von der Konzeption bis zur Entsorgung) durchgängig zu unterstützen[1]. Fokussiert wird hierbei auf die Erarbeitung, Verwaltung, Kommunikation und Nutzung von Informationen zur Produktdefinition in einem Unternehmen.

Bei der Umsetzung dieser Strategie sind mehrere IT-Systeme beteiligt, die sowohl spezialisierte Aufgabenstellungen unterstützen (z. B. CAD, CAM, Simulation, DMU) als auch allgemeine verwaltungstechnische Aufgaben erfüllen (z. B. ERP-Systeme, EDM/PDM-Systeme wie Teamcenter Express im weiteren TCX abgekürzt). Das nachfolgende Bild verdeutlicht vereinfacht das Zusammenspiel möglicher verschiedener Systeme über den Produktentwicklungsprozess hinweg.

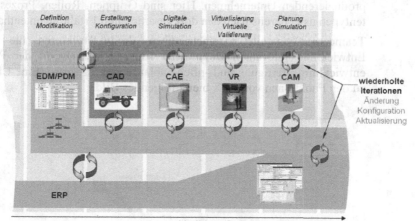

Idealisierter Produktentwicklungsprozess

1.2 EDM/PDM-Systeme

EDM- (Engineering Data Management) und PDM- (Product Data Management) Systeme werden heutzutage synonym verwendet und dienen hauptsächlich der Verwaltung von Produktdaten. Die EDM/PDM-Systeme werden mit immer umfangreicheren Funktionen zur Abbildung von Unternehmensorganisationen und -prozessen ausgestattet.

---

[1] aus dem Leitfaden zur Erstellung eines unternehmensspezifischen PLM-Konzeptes, VDMA, 2008

Hier sind Funktionen zum Projektdatenmanagement, zur Anforderungs-
definition, für das Ressourcen- und Organisationsmanagement sowie
Funktionen zur Visualisierung für einen ständig erweiterten Mitarbeiter-,
Kunden- und Lieferantenkreis zu nennen.

Die einst aus dem ökonomischen und planerischen Bereich entstandenen
ERP- (Enterprise Resource Planning) und PPS- (Produktionsplanung und
-steuerung) Systeme wachsen mit den EDM/PDM-Systemen durch
Schnittstellen und Integrationen immer weiter zusammen. Dies geschieht
aufgrund der tiefgreifenden Verzahnung von Produktentwicklung und
Produktion.

Teamcenter (bisher TC Engineering) ist die Produktreihe eines nach
Funktionen modular aufgebauten EDM/PDM-Systems von Siemens PLM
Software® für den gesamten Produktentwicklungsprozess. Der
Namenszusatz Express (auch TCX) beschreibt das vorkonfigurierte, in
Funktion und Administration nur leicht eingeschränkte EDM/PDM-
System, angepasst an allgemeine Anforderungen von mittelständischen,
produzierenden Unternehmen. Hier sind Gruppen, Rollen, Prozesse, Da-
tentypen usw. bereits nach den dort gesammelten Erfahrungen enthalten.

Teamcenter verwaltet Geometriedaten, Produktstrukturen, die für die
Entwicklung relevanten Dokumente sowie alle während der Produktentwicklung, -fertigung und -pflege ablaufenden Prozesse. Eine Übersicht
zu den Funktionen von TCX bietet folgendes Bild:

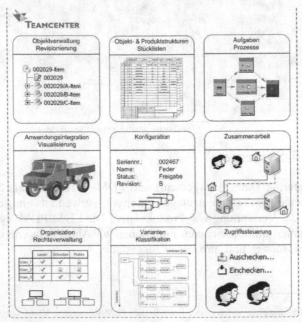

1.3 Client-Server Struktur

Die Architektur eines EDM/PDM-Systems zu beschreiben würde Bände füllen. Hier wird nur kurz auf die wesentlichen Merkmale und Bestandteile von TCX eingegangen, um für weitere Schritte im Buch ein grundlegendes Verständnis zu schaffen.

Eine Teamcenter-Umgebung besteht aus einem oder mehreren TCX-Servern und den Clients. An den Clients arbeiten die Benutzer. Das Bild zeigt eine vereinfachte Client-Server Struktur von TCX.

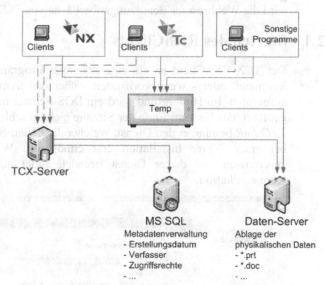

Eine MS SQL-Datenbank verwaltet im Hintergrund des TCX-Servers sämtliche Informationen/Metadaten (Benutzer, Berechtigungen, Revisionen, Status usw.). Dies sind reine Verwaltungsdaten, die der Benutzer hauptsächlich im RichClient (Hauptportal) und im ThinClient (WebPortal) sieht und verwaltet. Der Daten-Server ist eine Art Festplatte, auf der alle physikalischen Daten (z. B. PDF oder CAD-Dateien) verschlüsselt, aber für den TCX-Server lesbar in Speichervolumes zugeordnet sind. In den Erzeugersystemen (CAD, Word, etc.) werden die physikalischen Daten bearbeitet. Für diese Systeme gibt es jeweils Client-Integrationen zu TCX, mit der die Daten aus der Datenbank geladen, bearbeitet und wieder gespeichert werden können. Der TCX betreibt Prozesse für die strukturierte Kommunikation zwischen Server und Clients bezüglich Metadaten und Dokumentenzugriff.

2 Erste Schritte

Die ersten Schritte in TCX beschreiben das Starten des RichClients, das Ein- und Ausloggen sowie die Elemente der Teamcenter-Anwendung. RichClient steht hier für das eigenständige Portal mit weitreichenden Verwaltungsfunktionen. Im Gegensatz dazu sind die Integrationen in die Erzeugersysteme direkt eingebunden und bieten Zugriff auf die in TCX verwalteten Daten. Die Integrationen (teilweise auch Teamcenter-Manager genannt) besitzen aber nur eingeschränkte Funktionalitäten. Als ThinClient wird die Webbrowser Benutzungsoberfläche von TCX bezeichnet.

2.1 Starten des RichClients

 Der TCX-RichClient ist ein eigenständiges Programm und wird über das Startmenü oder - wenn vorhanden - über das Symbol auf dem Desktop aufgerufen. Im Hintergrund wird ein DOS-Fenster mit dem Titel *TAO ImR* geöffnet, das bis zum Ende der Sitzung <u>nicht</u> geschlossen werden darf. Der *TAO ImR* beinhaltet den Dienst, welcher die Client-Server-Kommunikation bei einer 2-Tier Installation erst ermöglicht. Wird das DOS-Fenster geschlossen und dieser Dienst beendet, endet auch die Client-Server-Kommunikation.

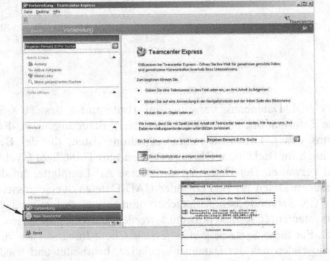

Durch Klick z. B. auf *Mein Teamcenter* wird der Anmeldedialog geöffnet. Alternativ kann als erste zu startende Teamcenter-Anwendung auch eine Eingabe im Feld *Suche,* einer der *Quick-Links, Teile öffnen,* ein Teil der *Historie* oder *Vorbereitung* (engl. *Getting Started*) gewählt werden.

Im Anmeldedialog sind die mit dem roten Sternchen gekennzeichneten Felder Pflichtangaben.

⇨ *Benutzer-ID*: [Teamcenter-Login]

⇨ *Kennwort*

⇨ *Datenbank* wählen [hier *TcData*]

⇨ Klick auf *Anmelden*

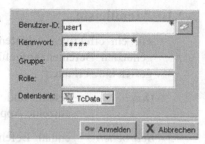

2.2 Benutzungsoberfläche

Die Benutzungsoberfläche kann je nach ausgewählter Anwendung unterschiedliche Informationen zu den Produktdaten darstellen und bietet hierfür auch abhängig von der Anwendung verschiedene Befehle und Symbolleisten.

Die Oberfläche ist im Stil von MS Outlook aufgebaut und dementsprechend auch die Benutzerführung.

Der Hauptzugriffspunkt ist die Applikation *Mein Teamcenter*. Die einzelnen Bereiche der Oberfläche werden nachfolgend kurz erläutert.

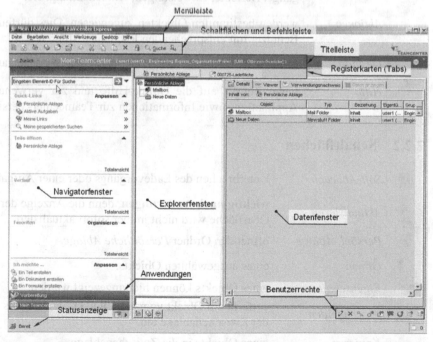

Die Oberfläche kann über verschiedene Einstellungen in den einzelnen Bereichen individuell angepasst werden. Mehr dazu ist in Kapitel 7.1 zu finden.

2.2.1 Menüleiste

Für ein effektives Arbeiten sind zudem die Short-Cuts zu den häufig genutzten Befehlen aufgeführt. Nachfolgend sind die Menüleistenkategorien kurz erläutert.

Datei	erstellt und verwaltet Teamcenter-Objekte, schließt eine einzelne Applikation oder beendet Teamcenter.
Bearbeiten	enthält Befehle wie Kopieren, Ausschneiden, Einfügen und Löschen. Hier lassen sich Benutzereinstellungen, Optionen und Zugriffsrechte ändern sowie Objekte innerhalb der Baumstruktur verschieben.
Ansicht	ändert die Darstellung des Explorerfensters, startet Informationsfenster zu einem ausgewählten Objekt, dem aktuellen Benutzer oder der Organisation.
Konvertieren	von MS Office- und CAD-Dokumenten.
Werkzeuge	für Adresslisten, Statusvergabe, Ein- und Auscheckvorgänge, Berichte, Zuweisungen, Umbenennung, etc.
Aktionen	werden bestimmten Objekten zugewiesen. Dies dürfen nur Benutzer mit entsprechenden Rechten ausführen.
Desktop	öffnet neuen Arbeitsbereich oder passt diesen optisch an.
Hilfe	bietet Zugriff auf die Online-Hilfe und zur verwendeten Applikation sowie Informationen zur Teamcenter-Version.

2.2.2 Schaltflächen

	Soft-Abbruch	Unterbrechen des Ladevorgangs oder einer Aufgabe.
	Aktualisieren	**wichtig nach Änderungen**, denn die Anzeige der Oberfläche wird nicht immer sofort aktualisiert.
	Persönl. Ablage	öffnet den Ordner *Persönliche Ablage*.
	Öffnen	eines ausgewählten Objekts.
	Eigenschaften	eines Objekts können hier angezeigt werden.
	Ausschneiden	entfernt ein Objekt vom aktuellen Ort und fügt es in der Zwischenablage ein.
	Kopieren	eines Objekts in die Zwischenablage.
	Einfügen	eines Objekts aus der Zwischenablage in das ausgewählte Objekt.

✕	*Löschen*	eines ausgewählten Objekts.
🔒	*Zugriffsrechte*	Anzeige, Änderung oder Anwendung der Zugriffsrechte für ein Objekt.
🜂	*In NX öffnen*	Ein Objekt im CAx-System NX öffnen.
🔍	*Suche*	blendet das erweiterte Suchfenster ein.
🗐	*Aktive Aufgaben*	zeigt die entsprechende Registerkarte an.
←	*Zurück*	navigiert zurück zu einer geladenen Applikation.
→	*Vor*	navigiert vor zu einer geladenen Applikation.
☑	*Aufgabe durchführen*	Eine ausgewählte, aktive Aufgabe durchführen.
◈	*Häufig verwendet*	wählt eine vorher geöffnete Komponente aus einer Liste aus.

2.2.3 Explorerfenster

Das Explorerfenster ist die persönliche Ablage des Benutzers. Jeder Benutzer findet in seiner *Persönlichen Ablage* beim erstmaligen Einloggen seine Teamcenter *Mailbox* und den Ordner *Neue Daten*.

Die produktrelevanten Daten werden in einer Baumstruktur für jedes Element angezeigt. Die Struktur lässt sich per Mausklick auf das ⊞ erweitern oder mit dem ⊟ reduzieren.

Einzelne Elemente innerhalb einer möglicherweise sehr großen Ordnerstruktur können in einem eigenen Explorerfenster geöffnet werden. Dieses erscheint dann in Form einer neuen Registerkarte (weiterhin auch als Tab bezeichnet). Dadurch können mehrere Explorer-Tabs gleichzeitig geöffnet sein, die auch beim nächsten Teamcenter-Login zur Verfügung stehen.

⇨ Element markieren ⇨ *Datei* ⇨ *Öffnen* oder

⇨ Rechte Maustaste auf Element ⇨ *Versenden an* ⇨ *Mein Teamcenter*

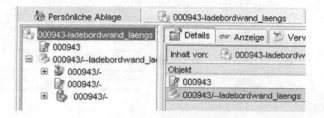

2.2.4   Navigatorfenster

Das Navigatorfenster ermöglicht den einfachen Zugriff auf die Teamcenter-Anwendungen und die zuletzt benutzten Objekte.

Schnellsuche für Element-ID, Elementname, Datensatzname und Schlüsselwort

Quick-Links für schnellen Zugriff auf die persönliche Ablage, aktive Aufgaben und gespeicherte Suchläufe

Teile öffnen als Verknüpfungsanzeige zu allen offenen Elementen in *Mein Teamcenter*

Verlauf der kürzlich geöffneten Objekte und benutzten Teamcenter-Anwendungen

Favoriten sind gespeicherte Links zu Objekten

Ich möchte... bietet eine Auflistung der häufigsten Aufgaben

Navigationsleiste startet die verschiedenen Anwendungen

2.2.5   Datenfenster

Das Datenfenster teilt sich in weitere Tabs, die die Daten eines Objektes auf unterschiedliche Weise darstellen können.

Details

Hier werden sowohl die Eigenschaften des gewählten Objekts dargestellt als auch die untergeordneten Objekte angezeigt.

Objekt	Typ	Beziehung	Eigentümer	Gruppen-ID	Datum geändert	AC
000693-A	DirectModel	Darstellungen	user1 (user1)	Engineering.Express_...	03-Jun-2008 15:33	
000693/A	ItemRevision Master	Elementänderungsstand-Master	user1 (user1)	Engineering.Express_...	21-Mai-2008 16:50	
000693-A	UGMASTER	Spezifikationen	user1 (user1)	Engineering.Express_...	21-Mai-2008 16:50	
000693/A	PDF	Spezifikationen	user1 (user1)	Engineering.Express_...	03-Jun-2008 15:30	
000693/A	MSWord	Spezifikationen	user1 (user1)	Engineering.Express_...	03-Jun-2008 15:31	

Inhalt von: 000693/A-Bordwand längs

Anzeige

zeigt mit Hilfe des internen Viewers das ausgewählte Objekt in 2D / 3D-
Ansicht an (sofern solche Daten zum gewählten Objekt zur Verfügung
stehen) und erlaubt 3D-Markup, Messung, Drucken usw. (mehr dazu in
Kapitel 7.3).

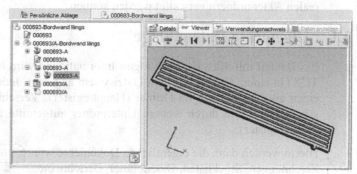

Verwendungsnachweis

zeigt an, wo das ausgewählte Objekt verwendet oder referenziert wird. Dies
ist u. a. wichtig für Mehrfachverwendungen von Bauteilen.

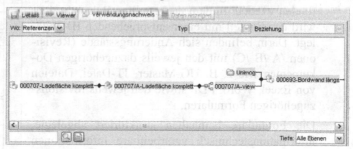

2.3 Ausloggen

Das Ausloggen ist auf unterschiedlichen Wegen möglich:

1. *Datei* ⇨ *Beenden* ⇨ Teamcenter komplett geschlossen.

2. Das bekannte X-Fensterschließen-Symbol rechts oben in der Fenster-
   leiste schließt Teamcenter komplett.

3. Das Symbol für *Schließen* in der Teamcenter-Leiste
   schließt die aktuelle Teamcenter-Anwendung. Für
   die letzte offene Anwendung gilt, dass der Benutzer
   abgemeldet wird (also ggf. wiederholen bis alle
   Anwendungen geschlossen sind). Das Teamcenter-
   Fenster *Vorbereitung* bleibt geöffnet.

3 Grundlagen der Datenverwaltung

Teamcenter beinhaltet Datenstrukturen und eigene Datentypen, die in einem nativen CAD-System nicht enthalten sind. Hier existieren verschiedene Objekttypen mit unterschiedlichsten Funktionen, die analog einer Ablage in realen Aktenordnern verwaltet werden können.

3.1 Allgemeine Datenablage

Ein Bauteil mit allen dazugehörigen Informationen wird herkömmlich (ohne TCX) in einem Ordner auf dem Dateisystem abgelegt. Jedes Teil erhält dabei einen eigenen Bereich im Ordner (Hauptregister). Verschiedene Änderungsstände werden in durch weitere Unterordner aufgeteilte Bereichen abgelegt (Unterregister).

 Hierin werden dann die eigentlichen Dokumente wie Zeichnungen, Stücklisten, Datenblätter, Berichte etc. des Änderungsstandes abgelegt.

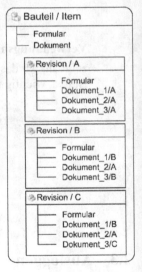

Diese Aufteilung kann in Teamcenter wiedergefunden werden. In dem dargestellten Beispielordner wird das Bauteil mit einer entsprechenden ID abgelegt. Darin befinden sich Änderungsstände (Revisionen /A /B /C) mit den jeweils dazugehörigen Dokumenten wie z. B. UG-Master, JT-Datei, Dateien von Excel, Word, PDF sowie den jeweils revisionszugehörigen Formularen.

Die Formulare beinhalten strukturiert abgelegte, informationstechnisch verarbeitbare Informationen zum Bauteil- oder Revisionsobjekt.

3.2 Ordner

 Ordner dienen dem Sortieren und dem übersichtlichen Aufbewahren von Elementen. Hiefür können beliebig viele Ordner in beliebigen Ebenen angelegt werden. Ordner werden zur projektspezifischen oder thematischen Ablage von Teilen genutzt. Teile oder auch Items können in mehreren Ordnern gleichzeitig referenziert werden, so dass der Zugriff auf unterschiedliche Art und Weise möglich ist (z. B. über Teilenummer, Projekt, Teileart) und die Datenorganisation individuell angepasst werden kann.

Persönliche Ablage und *Neue Daten* (engl. *Newstuff*) sind normale Ordner, die für jeden Benutzer bereits angelegt sind und als Standardordner dienen.

Die Teamcenter-Ordner unterscheiden sich von den Verzeichnissen auf Betriebssystemebene. Ein „eingeheftetes" Element wie z. B. ein CAD-Modell ist nur ein Verweis bzw. eine **Referenz** auf das tatsächliche Teil, das sich im Teamcenter-Volume befindet. Das Teil selbst existiert nur einmal, kann aber in unbegrenzt vielen Ordnern referenziert werden. Das Kopieren eines Ordners erzeugt somit keine neuen Daten wie im Betriebssystem, sondern nur neue Referenzen auf die gleichen Daten.

3.3   Item und ItemRevision, Variante und Alternative

Ein **Item** ist ein grundlegendes PDM-Objekt der Datenverwaltung in TCX und ist vergleichbar mit einer Mappe auf hierarchisch oberster Ebene für alle relevanten Dokumente eines Teils, analog zu einem Teilestamm. Ein solches „Teil" kann ein Einzelteil oder eine Baugruppe sein. Unterhalb dieses Strukturobjektes können revisionsunabhängige Dokumente gelegt werden. Ein Item ist unter der ID-Nummer eindeutig in Teamcenter, das heißt eine ID wird stets nur einmal vergeben.

Jedes Item besitzt standardmäßig ein **Formular** (Objekt unterhalb des Items im Bild), das die Item-spezifischen Attribute enthält, das *ItemMaster form object*.

000725-Ladefläche
000725

Die Attribute beschreiben die Eigenschaften des Objekts. Sind diese Informationen im System vorhanden, kann auch danach <u>gesucht</u> und <u>klassifiziert</u> werden. Das Formular beinhaltet vordefiniert konfigurierbare Felder, in denen diese Informationen angelegt werden (nebenstehendes Bild zeigt das Formular hier ohne Schreibrechte im Lesezugriff).

Eine **ItemRevision** ist ebenfalls eine Mappe, die den jeweiligen Änderungsstand eines Items/Teils repräsentiert und dem entsprechenden Item untergeordnet ist. Unter einem Item können mehrere zeitliche Änderungsstände angelegt sein. Eine Version[2] bezeichnet einen zeitlichen Änderungsstand eines PDM-Objekts, im Rahmen seines Lebenszyklus der langfristig gesichert werden soll, ohne den Vorgang der Änderung näher zu spezifizieren.

Die Revision ist eine spezielle Form der Version mit definierten Änderungs- und Bewertungs- bzw. Freigabeprozessen. Dies ist auch in TCX der Fall (mehr zu Freigabeprozessen und Workflows in Kapitel 6).

Eine Revision stellt im Lebenszyklus der Produktkomponente einen definierten und jederzeit reproduzierbaren Stand der Versionshistorie dar. Sie ist der Gegenstand der Arbeitsprozesse in der Produktentwicklung zwischen den Bearbeitungsschritten und erfährt nach signifikanten Ereignissen und wichtigen Fortschritten eine Neuauflage.

Die Revision übernimmt die ID des übergeordneten Items, und erhält automatisch einen zusätzlichen Kennzeichner, hier Buchstabe „A". Weitere Änderungsstände des gleichen Teils werden alphabetisch steigend gekennzeichnet.

Unterhalb dieses Strukturobjekts werden revisionsabhängige Dokumente verwaltet (z. B. CAD-Modelle oder CAD-Zeichnungen).

Jede ItemRevision besitzt ebenfalls ein **Formular**, das *ItemRevision Master*. Dieses wird ebenfalls automatisch angelegt und verwaltet die ItemRevisionspezifischen Attribute, die oft detaillierter und konstruktionsbezogener sind als die des Items.

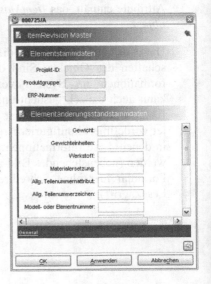

---

[2] Für den Begriff Version existieren in verschiedenen Organisationen teilweise völlig unterschiedliche Bedeutungen und Interpretationen. In diesem Buch wird im Weiteren der in TCX verwendete Begriff Revision genutzt, da das Erzeugen einer neuen Version oft einer Reihe von Prozessen unterliegt.

Varianten

Eine Variante ist eine mit unterschiedlichen Merkmalen versehene, zeitlich parallel existierende Ausprägung von Produkten mit ähnlichen Eigenschaften.

Eine Variante stellt demnach eine von der Problemstellung her gewünschte Abweichung unterschiedlicher Produktmerkmale dar (z. B. am Unimog könnte eine Variante eine Ladefläche mit Abkippmöglichkeit und eine andere eine starre Ladefläche sein, beide sollen entwickelt werden).

Die Varianten sind also spezielle Ausführungen des Produktes, bei denen verschiedene Randbedingungen in der Konstruktion Berücksichtigung finden. Infolge der jeweiligen Kombination von Merkmalen und Merkmalsausprägungen kann im Sinne der Produktentwicklung eine Variante mit zugehörigen Revisionen versehen werden. Die Abfolge der Revisionen zeichnet den Entwicklungspfad der Variante auf. Der Zusammenhang von Version (bzw. Revision) und Variante wird vereinfacht im nachfolgenden Bild[3] dargestellt.

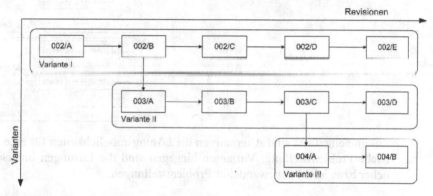

Varianten von CAD-Modellen existieren in TCX hauptsächlich auf Baugruppenebene, in denen unterschiedliche Komponenten verbaut sein können. In diesem Buch werden Varianten einfach unter einer neuen ID kopiert abgelegt.

Ein konsistentes Variantenmanagement ist durch eine Zusatzkonfiguration von TCX zur Variantenkonfiguration im Produkt-Struktur-Editor (PSE) möglich. Hier können komplexe Variantenregeln aufgestellt werden, die für die strukturierte Produktentwicklung genutzt werden können.

---

[3] aus dem Leitfaden zur Erstellung eines unternehmensspezifischen PLM-Konzeptes, VDMA, 2008

Alternativen

Betrachtet man nun eine spezielle Variante, so können verschiedene konzeptionelle Alternativen bis zur endgültigen Entscheidung verfolgt werden (im Beispiel Unimog kann die Variante Abkippung der Ladefläche hydraulisch oder pneumatisch realisiert werden). Nur eine der beiden Alternativen wird letztendlich detailliert und auskonstruiert. Das Potential beider Lösungen kann am Anfang der Konzeption jedoch nicht ausreichend abgeschätzt werden. Daher werden zunächst beide alternativen Lösungsmöglichkeiten verfolgt und ggf. gegeneinander abgewogen. Eine allgemeine Darstellung dieses Sachverhalts gibt folgendes Bild.

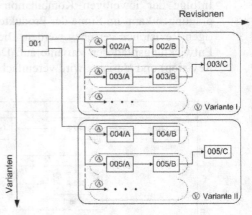

Zusammengefasst sind Alternativen die Lösungsmöglichkeiten für eine spezifische Problemstellung, Varianten hingegen sind die Lösungen unterschiedlicher bzw. leicht abgewandelter Problemstellungen.

3.4 Dokumente

Die ItemRevision (Teileänderungsstand) enthält die eigentlichen Dokumente (auch DataSets). Dies können sowohl Konstruktionsdokumente aus den CAD-Systemen als auch MS Office-Dokumente, IGES, STEP, DXF, DWG, PDF etc. sein. Einer Konstruktion können so auch die Kalkulation, das Lastenheft, Produktfotos, Bedienungsanleitungen etc. beigefügt werden. Dokumente können auch allein stehen und müssen nicht zwangsläufig einem Teilestamm bzw. einer ItemRevision zugewiesen sein.

Alle an die ItemRevision 000693/A angehängten Dokumente haben den Namen 000693/A. In der Revision B sind Kopien der Dokumente mit dem Änderungskennbuchstaben der neuen Revision bezeichnet. Referenzen werden mit dem Änderungskennbuchstaben der ursprünglichen Revision gekennzeichnet. Dieses Verhalten ist einstellbar und es kann definiert werden, ob Dokumente kopiert, referenziert oder gelöscht werden (deep copy rules).

 Ein Dokumentname für sich ist nicht eindeutig. Die Eindeutigkeit wird erst im Zusammenhang mit der Teilenummer und dem Änderungsstand festgelegt.

Beim Anlegen einer neuen Revision werden die Dokumente kopiert und unterliegen dabei keiner besonderen Namensregel (dies kann aber administrativ gehandhabt werden). Dennoch werden die gleichnamigen Dokumente in Revision B für sich eigenständig geändert und gehandhabt.

Dokumente besitzen eine Typisierung. Dokumenttypen werden in Teamcenter administrativ festgelegt und können mit bestimmten Eigenschaften belegt werden. So kann bspw. ein PDF-Dokumenttyp zur Anzeige mit dem Acrobat Reader® verknüpft werden.

Ein Dokument ist ein Objekt, welches mehrere Listen und Dateien verschiedener Datentypen verwalten kann (vergleichbar mit denen der Betriebssystemebene). Diese sind als *Benannte Referenzen* aufgeführt und abrufbar.

⇨ RMT auf ein UGMASTER Dokument im Explorerfenster

 ⇨ *Benannte Referenzen…*

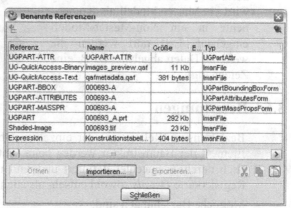

Neben dem eigentlichen UGPART (dies ist die 3D-Geometriedatei) sind im nebenstehenden Bild zusätzlich eine *.tif-Bilddatei, ein Vorschaubild (*.qaf) und eine Datei mit Anwenderausdrücken hinterlegt sowie Attributlisten.

Einige Einträge sind bereits vom erzeugenden System (hier NX) automatisch angelegt worden. Weitere Dateien können nachträglich importiert bzw. exportiert werden.

3.5   Master-Modell-Konzept

Das Master-Modell-Konzept beschreibt die Trennung von reinen Geometriedaten und den daraus abgeleiteten Daten (z. B. Zeichnungen oder
NC- Daten). Dies wird von vielen CAD-Systemen bereits durch die Trennung der Datenformate, z. B. für 3D-Geometrie, Zeichnungen und NC-
Daten festgelegt. In NX gibt es diese Trennung durch Datenformate eigentlich nicht und eine *.prt-Datei kann all diese Informationen beinhalten (in
geringem Umfang z. B. bei Simulationsdaten werden andere Datenformate
genutzt).

Vorteile des Master-Modell Konzeptes sind die Möglichkeiten des paralle-
len Arbeitens an der Geometrie und abgeleiteten Daten, und aufgrund der
Aufspaltung der Inhalte die kleinere Datengröße sowie differenzierte
Zugriffsrechte. Hierbei werden die abgeleiteten Daten (Non-Master-
Modell) als separate, jedoch zum Master assoziative Dokumente in einer
Revision eines Bauteils verwaltet. Wird eine neue Revision angelegt, so
wird auch automatisch das Master-Modell mit angelegt (nicht mit dem
Teile-Master dem Formular verwechseln).

Bei den assoziativen Dokumenten
kann jeweils entschieden werden, ob
diese in die neue Revision übernommen werden sollen. CAD-seitig
wird ein Master-Modell als Komponente in ein Non-Master-Modell
eingebaut. Erst dort werden die
weiteren Daten abgeleitet (z. B. eine
Zeichnung).

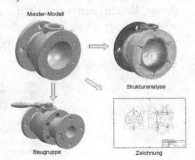

3.6   Beziehungen

Beziehungen (Relationen) der einzelnen Objekte zu dem übergeordneten
Element der Baumstruktur werden beim Erstellen von Elementen automa-
tisch durch Teamcenter definiert und sind u. a. im Datenfenster und der
Registerkarte *Details* sowohl einseh- als auch editierbar.

Mögliche Beziehungen sind:

- *Teile-Master* (Attributliste ItemMaster)
- *Teileänderungsstand-Master* (Attributliste ItemRevisionMaster)
- *Änderungsstände* (ItemRevision)
- *Stücklistenansichten* (BOM View)
- *Änderungsstände der Stücklistenansichten* (BOM View Revision)

Für weitere Elemente wie den eigentlichen CAD-Modellen, MS Office-Dokumente usw. gibt es u. a. folgende Beziehungen:

- *Spezifikation* sind die Dokumente einer Revision, die z. B. bei einer Freigabe kontrolliert und von den Zugriffsrechten gegen weitere Modifikationen gesperrt werden können. Diese Dokumente unterliegen somit stets der Revisions- und Freigabekontrolle (z. B. 3D-Master, Zeichnungen oder NC-Programme).

- *Manifestation* beschreibt eine Beziehung von Dokumenten mit nur erläuterndem Charakter, z. B. Beschreibungen, Übersichten, Präsentationen mit „Schnappschuss-Charakter". Diese Dokumente haben keine Bedeutung im Sinne einer relevanten oder rechtlichen Produktbeschreibung (z. B. interne Präsentationsfolien, Filme oder Fotos).

- *Anforderungen* (Requirements) beinhalten Kriterien, die durch die Konstruktion erfüllt werden müssen, aber nicht definieren wie die Konstruktion ausgeführt wird. Dies kann z. B. ein Dokument sein, das vorschreibt, wie schwer eine Komponente sein darf oder welche Materialien zu verwenden sind (Lastenheft).

- *Referenzen* beschreiben eine nicht definierende Beziehung eines Objekts zu dem Item bzw. der ItemRevision. Das können z. B. Normen oder Hinweise sein, die in einer interessanten aber nicht zwangsläufig relevanten Beziehung zu dem Teil stehen.

- *Altrep* (alternative Repräsentation) ist eine alternative Beschreibung des Bauteils z. B. in einem anderen Zustand gegenüber dem Originalzustand (z. B. eine Feder unbelastet und im Einbauzustand gespannt). Da Altreps nur eine Zustandsbeschreibung sind, werden diese in Stücklisten nicht parallel zu dem Teil erscheinen.

 Die Beziehungen von Objekten zu einem Item/ItemRevision werden im Datenfenster im Tab *Details* dargestellt. Weitere Sortier- und Anzeigemöglichkeiten sind im Kapitel 7.1.3 Pseudo-Ordner erläutert.

3.7   Organisation

Innerhalb von Unternehmen ist die Organisation von Abteilungen, Mitarbeitern, Projekten und dazugehörigen Rechten und Pflichten festgelegt. Diese Organisation kann entsprechend in Teamcenter abgebildet werden und die Einhaltung von Rollen, Zugehörigkeiten und Zugriffsrechten kontrolliert werden. Dazu gibt es folgenden Objekttypen, die in TXC bereits mit Inhalten (siehe jeweils nebenstehendes Bild) vordefiniert sind:

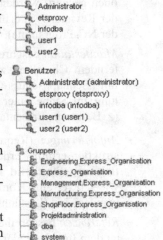

Person beschreibt eine real existierende Person im Unternehmen mit Vor- und Zunamen. Die Person kann mehrere Benutzer besitzen.

Benutzer (user) ist die Identifikation eines Benutzers im System. Benutzer können mehreren Gruppen angehören.

Gruppen sind Zusammenfassungen von Benutzern. Eine Gruppe kann aus Benutzern einer Abteilung bestehen oder auch aus Benutzern eines Projektteams.

Gruppen können auch hierarchisch aufgebaut sein. Durch Untergruppen können Benutzern von der Hauptgruppe verschiedene, evtl. zusätzliche Eigenschaften bzw. Rechte zugewiesen werden.

Rollen beschreiben Tätigkeiten von Benutzern in der Organisation (z. B. Projektleiter, Mitarbeiter, Administrator). Einem Benutzer können verschiedene Rollen zugewiesen werden. Eine Rolle verbindet sich oft mit bestimmten Berechtigungen, die der Benutzer einnehmen darf.

Im nachfolgenden Bild sind die dargelegten Zusammenhänge zwischen den erläuterten Organisationselementen noch einmal verdeutlicht.

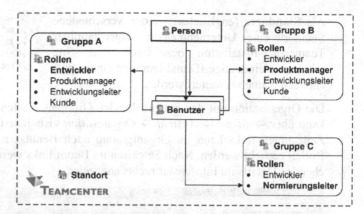

In der Titelleiste ist der aktuelle Benutzer mit allen relevanten Informationen sichtbar.

Die Änderung von Rollen oder Gruppen eines angemeldeten Benutzers erfolgt über Doppelklick auf die oben abgebildete Titelleiste. Im nachfolgenden Dialog sind dann die für den Benutzer verfügbaren Rollen und Gruppen mit den dazugehörigen Rechten einstellbar.

Hier kann der Benutzer auch das Anmelde-Kennwort individuell ändern.

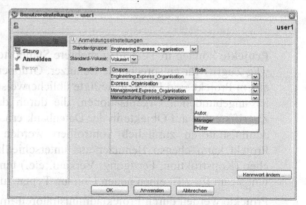

Die von TCX vorkonfiguriert eingestellten Rollen zielen auf verschiedene Benutzerverhalten. Einige wichtige werden kurz vorgestellt:

Autor – primär für die Erstellung von Konstruktionsdaten in den Erzeugersystemen mit weitreichendem Zugriff auf Werkzeuge und Workflows.

Prüfer – für Aufgaben der Prüfung und Genehmigung von Daten.

Kunde – aus dem Englischen von Consumer abgeleitet, bietet Konfigurationen für Benutzer, die das System insbesondere in Verbindung mit dem WebClient nur sporadisch nutzen.

Als **Standorte** (engl. sites) werden verschiedene Standorte eines Unternehmens mit eigenständiger Teamcenter-Installation bezeichnet. Eine Site erhält eine eindeutige ID und kann um einen sprechenden Namen erweitert werden.

Die Organisation mit den entsprechenden Gruppen, Rollen und Benutzern kann über ⇨ *Menü* ⇨ *Ansicht* ⇨ *Organisation* visualisiert werden. In der Zeile unten links kann im Organigramm nach Benutzern, Gruppen oder Rollen gesucht werden. Nach Selektion im Baum links werden die entsprechenden Details im Infofenster rechts angezeigt.

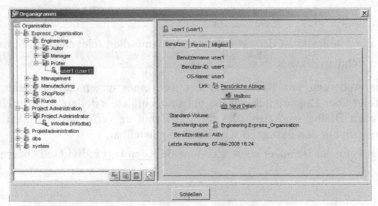

Projekte können in TCX über mehrere Standorte und Organisationen hinweg Zugriff für entsprechende Benutzer, Gruppen und Rollen verteilen. In einem Projekt sind Projektbeteiligte üblicherweise Benutzer von Teamcenter angebundenen Organisationen, die durch das Arbeiten in Projekten Zugriffsrechte auf Objekte in der Datenbank erhalten, die von den Projektadministratoren zusätzlich kontrolliert werden (vgl. Kapitel 9.7). Ein Projekt kann ebenso Benutzer aus unterschiedlichen Organisationsbereichen (Konstruktion, Fertigung, Verkauf, etc.) temporär zu einem Entwicklungsteam für z.B. einen neuen Unimog Typen zusammenfassen.

Projekte werden durch Projektadministratoren im RichClient definiert (vgl. Kapitel 9.7 Projektadministration). Durch berechtigte Projektbeteiligte werden die im Fokus der Arbeit stehenden Datenobjekte diesem Projekt zugewiesen. Teamcenter Project ist ein eigenständig lizenziertes Modul.

3.8 Rechteverwaltung

Die Definition von Rechten dient dem dedizierten Zugriff auf die Objekte in Teamcenter. Sämtliche Objekte in Teamcenter unterliegen der Rechteverwaltung.

Die Zugriffsrechte werden dynamisch aus einem Regelwerk entsprechend der jeweiligen Zusammenstellung aus Benutzer, Rolle, Status des Items usw. ermittelt.

Die Rechte der Benutzer können durch unterschiedliche Rollen oder Gruppen variieren (z. B. ein Projektleiter darf lesen, ein Konstrukteur darf lesen, schreiben und importieren). Ebenso kann der Status eines Items die Rechte für das Objekt verändern (z. B.: Item in Arbeit erlaubt lesen und schreiben, Item freigegeben verbietet weitere Änderungen für jeden Benutzer).

Das zugrunde liegende Regelwerk (auch Regelbaum) wird administrativ für z. B. Datentypen, Attribut-Inhalte, Gruppen und Rollen konfiguriert (vgl. Kapitel 9.2 und 9.6).

Benutzerrechte für Objekte anzeigen

⇨ ein Objekt auswählen (hier Ordner *Neue Daten*)

⇨ *Menü* ⇨ *Ansicht* ⇨ *Zugriff...* zeigt die Rechte des aktuellen Benutzers einer Gruppe in Abhängigkeit von dessen Rolle. Die Übersicht zeigt die vergebenen Rechte. Verweigerte Rechte sind grau dargestellt. Durch Auswahl anderer Benutzer, Gruppen oder Rollen kann die entsprechende Konstellation der Zugriffsberechtigungen angezeigt werden.

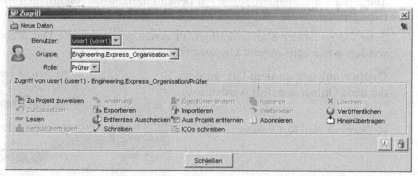

Am unteren rechten Rand des Client-Fensters sind stets die momentanen Benutzerrechte auf das gewählte Objekt durch Symbole ersichtlich. Die mit rotem Kreis und weißem Minuszeichen gekennzeichneten Zugriffsrechte-Symbole sind verweigert. Die unmarkierten Rechte sind gewährt.

4 Datenverwaltung im RichClient

Teamcenter ist eine datenbank-basierte Anwendung und trennt die zu verwaltenden Daten des Nutzers in zwei Bereiche auf. Die sogenannten Massendaten, wie CAD-, PDF- und MS Office-Dokumente, werden in Teamcenter-Volumes gespeichert. Das sind durch Teamcenter verwaltete und geschützte „Container". Die Metadaten werden hingegen in der MS SQL Datenbank gespeichert. Dazu gehören Attribute wie Gewicht, Werkstoff, Datum, allgemeine Eigenschaften etc. Alle Objekte in den Arbeitsbereichen, wie z. B. Ordner und Teile, verweisen (referenzieren) auf die in den Volumes gespeicherten und durch die Datenbank verwalteten Elemente. Dadurch lassen sich beliebig viele Referenzen auf ein einziges Element erstellen, um dem Nutzer jeweils optimale Zugriffsmöglichkeiten auf die Daten zu ermöglichen.

4.1 Ordner

Standardordner sind *Persönliche Ablage* (*Home*), *Mailbox* und *Neue Daten* (*Newstuff*), die jeder Teamcenter-Benutzer besitzt. Die Ordner verhalten sich wie gewöhnliche Ordner, nur können diese hier nicht gelöscht werden.

Mailbox ist der Standardordner, in denen empfangene Nachrichten in Form eines Briefumschlages abgelegt werden.

Neue Daten ist der Standardordner, in denen neu angelegte Daten abgelegt werden, wenn kein anderer Ort spezifiziert ist.

Ordner anlegen an dem Ort, an dem der neue Ordner angelegt werden soll.

 ⇨ *Datei* ⇨ *Neu* ⇨ *Ordner...*

⇨ *Name* und *Beschreibung* eingeben, ggf. *Beim Erstellen öffnen* benutzen, um den neuen Ordner in einer eigenen Registerkarte zu öffnen.

⇨ *OK* - Der Ordner ist angelegt und gespeichert.

⇨ *Anwenden* - Der Ordner ist angelegt und gespeichert. Der Dialog zum Anlegen weiterer Ordner bleibt für das Anlegen weiterer Ordner offen.

Ordnernamen ändern

 ⇨ *Menü* ⇨ *Ansicht* ⇨ *Eigenschaften* oder
⇨ *Rechte Maustaste* ⇨ *Eigenschaften*

Hier sind die Beschreibung sowie weitere Informationen zum Eigentümer, Benutzer der letzen Änderung, Projektzuweisungen etc. zu finden. Ordnernamen müssen nicht eindeutig sein und können mehrfach verwendet werden.

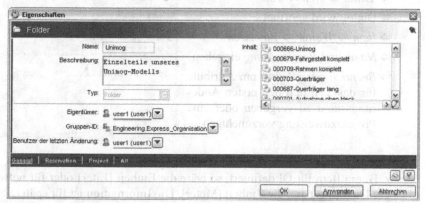

Ordner verschieben kann mit Ausschneiden und Einfügen (Zwischenablage) erreicht werden. Die Reihenfolge der Ordner in der persönlichen Ablage wird wie folgt geändert:

⇨ Markieren des Ordners ⇨ *Menü* ⇨ *Verschieben*

⇨ *Nach oben* (eine Stufe) oder *Anfang* (ganz nach oben in der Baumstruktur)

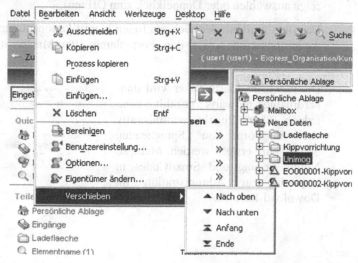

4.2 Teil / Item

Neues Teil / Item anlegen erfolgt durch eine Dialogfolge mit mehreren Eingaben zu dem Teil. Dies kann folgendermaßen geschehen:

⇨ Markieren des Ordners, in dem das Teil angelegt werden soll

⇨ *Datei* ⇨ *Neu* ⇨ *Teil*

⇨ Dialog wird geöffnet

⇨ *Item* ⇨ *Weiter* ⇨ *Zuweisen*

⇨ *Name* und *Beschreibung* eingeben

⇨ *Beenden* oder *Weiter* um Attribute für das Teil und den ersten Änderungsstand zu vergeben oder eine Projektzuweisung vorzunehmen.

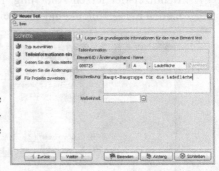

 Die *Maßeinheit* ist ein Attribut für die physikalische Einheit des Teils. Wird z. B. ein Item für Öl definiert, so wäre die Einheit [Liter] oder für notwendiges Dichtungsband die Einheit [Meter]. Die Information ist für spätere Stücklistenzusammenstellungen relevant, in denen Mengen beschrieben werden. Wird keine Einheit angegeben, wird dieses Teil automatisch mit der Mengeneinheit „Stück" behandelt (gilt zumeist für alle abzählbaren Teile).

Wurde hier *Beenden* gewählt, so können die Formulare auch zu einem späteren Zeitpunkt ausgefüllt werden (Formular markieren, im Datenfenster *Anzeige* auswählen oder Doppelklick zum Öffnen).

Das Item wird mit der nächsten freien Identifikationsnummer und dem ersten Änderungsstand sowie den Formularen (ItemMaster und ItemRevisionMaster) angelegt.

Die Identifikationsnummer wird standardmäßig aufwärts gezählt, kann jedoch über Regeln administrativ auch in Form von „Sprechenden Schlüsseln" erstellt werden. Mehr zu Nummerierung und SmartCodes in Kapiteln zur Administration im Download-Bereich.

4.3 ItemRevision / Änderungsstand anlegen

 Für Nicht-CAD-Teile können in Teamcenter neue Änderungsstände erzeugt werden. CAD-Teile sollten in der CAD-Anwendung revisioniert werden.

⇨ Auswählen und markieren des bisherigen oder eines bestimmten Änderungsstandes.

⇨ *Datei* ⇨ *Überarbeiten*

⇨ Im Dialog wird die Revision B angelegt und können weitere Eintragungen vorgenommen werden.

⇨ *Beenden* oder *Weiter*, um Attribute für die neue ItemRevision zu vergeben.

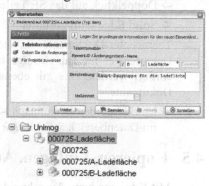

 Datei ⇨ *Speichern unter...* erzeugt hingegen ein neues Teil von einer bereits existierenden ItemRevision. Dies ist besonders für Variantenkonstruktionen interessant.

4.4 Dokumente

Dokumente (Datasets) anlegen / importieren kann wie folgt geschehen:

⇨ Markieren des Items oder der ItemRevision, unter der ein Dokument erstellt werden soll

⇨ *Datei* ⇨ *Neu* ⇨ *Dokument* ⇨

⇨ Button *Mehr...* zeigt alle Typen

 ⇨ Dokumenttyp auswählen

⇨ Beschreibung hinzufügen

⇨ ggf. bereits vorhandene Datei aus dem Betriebssystem importieren

⇨ *OK*

Dokument öffnen erfolgt weitgehend Windows-konform per Doppelklick. Die entsprechenden Anwendungen werden dann gestartet, sofern der Dokumenttyp auf das entsprechende Werkzeug verweist und die Software auf dem Rechner installiert ist. Teamcenter-Dokumente starten die entsprechende Teamcenter-Applikation (mehr zur Administration von Werkzeugen und Dokumenttypen in Kapitel 9.3)

⇨ Doppelklick auf das
ItemRevisionMaster

⇨ ⇨ Anzeige des Formulars

⇨ Doppelklick auf das SE Teile-Dokument

⇨ Solid Edge wird gestartet

Teamcenter-Dokumente können auch im Datenfenster im Tab *Anzeige* betrachtet und editiert werden. Das gilt ebenso für Office-Dokumente.

⇨ Markieren des Dokuments ⇨ Umschalten im Datenbereich auf *Anzeige*

4.5 Kopieren, Einfügen, Ausschneiden mit Zwischenablage

Mit Kopieren bzw. Ausschneiden und Einfügen können Objektreferenzen wie Teile und Dokumente an andere Stellen kopiert bzw. verschoben werden. Somit werden einfach persönliche Ansichten auf Datenstrukturen erstellt, während die Dateninhalte konsistent bleiben.

Zu beachten ist hier, dass stets nur Verknüpfungen bzw. Referenzen kopiert und verschoben werden, nicht die physikalischen Daten selbst. Diese liegen ausschließlich einmal vor und sind vom Benutzer nicht ohne Weiteres direkt erreichbar.

Im Beispiel wurde ein Item 001608 zunächst im Standard-Ordner *Neue Daten* abgelegt, und es soll jetzt aus Gründen der Übersichtlichkeit in ein anderes Verzeichnis verschoben werden.

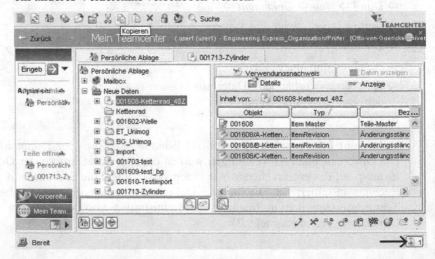

Kopieren

⇨ Markieren des Elements 001608 ⇨ *Kopieren* oder

⇨ *Bearbeiten* ⇨ *Kopieren* oder

⇨ RMT ⇨ *Kopieren*

 ⇨ Das Element wird in die Zwischenablage übernommen (siehe Pfeil).

 Einfügen

⇨ Markieren der Position, an welcher der Inhalt der Zwischenablage einfügt werden soll ⇨ *Einfügen* oder

⇨ *Bearbeiten* ⇨ *Einfügen* (ohne ...) oder

⇨ Strg+V oder

⇨ RMT ⇨ *Einfügen*

Einfügen...

aus der Menüleiste beinhaltet zusätzlich die Abfrage mit welcher Relation ein Element eingefügt werden soll. So kann z. B. ein MS Word Dokument als Lastenheft (mit der Relation: Anforderungen) eingebunden werden.

 Ausschneiden

wird analog dem Kopieren angewendet, nur wird hier die Objektreferenz aus der bisherigen Position entfernt.

Zwischenablage

⚠ Die Teamcenter-Zwischenablage ist keine Windows-Zwischenablage. Somit stehen die Elemente aus Teamcenter nicht direkt den Windows-Anwendungen zur Verfügung.

 Konfiguration der Zwischenablage

⇨ RMT auf die Zwischenablage ⇨ *Anhängen*

Ist das Häkchen gesetzt, so werden kopierte oder ausgeschnittene Elemente der Zwischenablage hinzugefügt.

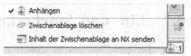

Sind mehrere Elemente in der Zwischenablage, zeigt LMT auf die Zwischenablage den Inhalt an. LMT auf ein Element des Inhalts der Zwischenablage fügt dieses in die gerade genutzte Teamcenter-Anwendung ein.

Mehrere Items, ItemRevisions oder andere Objekte können mit Hilfe des gleichzeitigen Selektierens und Haltens von STRG gewählt werden.

Selektieren und Halten von SHIFT markiert alle Elemente im Bereich vom ersten bis zum letzten selektierten Element.

4.6 Umnummerieren von Teilen

Die Teilenummer eines Teiles in TCX ist eindeutig. Jedoch kann es erforderlich sein, dass eine andere, neue Teilenummer zugewiesen wird (die bisherige Teilenummer wird dadurch obsolet).

⇨ Item markieren

⇨ *Werkzeuge*

⇨ *Element umbenennen*

⇨ Zuweisen für die neue Item-ID

⇨ ggf. neuen Namen eintragen und einen Hinweis, warum die Änderung erfolgt ⇨ *OK*

Die Bezeichnung der ItemRevision ist mit der Item-ID verknüpft. Somit wird die Bezeichnung der ItemRevision automatisch mit geändert.

 Beim nächsten Aufrufen einer Baugruppe, in der dieses Teil verwendet ist, wird es trotz der geänderten ID weiterhin richtig referenziert. Damit es im CAD-System nicht zu veränderten Nomenklaturen kommt, sollte eine Teilenummer nur dann geändert werden, wenn das Teil nicht gleichzeitig im CAD-System geladen ist (andernfalls drohen massive Datenkonsistenzprobleme).

⚠ Soll die alte Teilenummer gleich wieder für ein neues Teil verwendet werden, kann es in anderen Baugruppen ebenfalls zu Konflikten kommen, sofern das CAD-Modell nach erfolgter Änderung nicht aktualisiert wird. Das Wiederverwenden bereits genutzter Teilenummern sollte nicht erfolgen, da hier die Gefahr von Inkonsistenzen in der Datenhaltung sehr hoch sein kann.

4.7 Ein- und Auschecken

Ist ein Dokument durch einen Benutzer in Bearbeitung, darf kein anderer Benutzer zur gleichen Zeit Änderungen daran vornehmen können, da andernfalls die Änderungen des einen mit den Änderungen des anderen überschrieben würden. Die Änderungsarbeit eines Benutzers wäre dadurch verloren. Dies kann durch das Konzept des Ein- und Auscheckens (engl. check in / check out) kontrolliert werden.

Auschecken bedeutet, das Teil wird zur Bearbeitung aus der Datenbank entnommen gesperrt. Dies kann automatisch (implizit) beim Bearbeiten in einer Anwendung (z. B. NX) erfolgen. Auschecken bedeutet hier, das in Bearbeitung befindliche Dokument darf nur vom auscheckenden Benutzer auch gespeichert werden. Für alle anderen Benutzer ist das Objekt bis auf den Lesezugriff gesperrt. Dies ist gerade dann relevant, wenn mehrere Benutzer, die aufgrund ihrer Rolle Schreibrechte auf dieses Dokument besitzen, zeitgleich versuchen würden zu speichern. Kopien ausgecheckter Dokumente können von berechtigten Benutzern ohne weiteres angelegt werden.

 Einchecken bedeutet, das Teil wird in die Datenbank zurückgestellt und die Sperrung für andere Benutzer wird aufgehoben. Dies erfolgt i. d. R. automatisch nach Beenden der Bearbeitung und dem Schließen des Dokuments. Nun steht das Objekt für die Bearbeitung durch andere schreib-zugriffberechtigte Benutzer zur Verfügung.

Der CheckOut-Status für ein Objekt ist im Datenfenster unter der Spalte *AC* ersichtlich. *Blauer Haken* bedeutet ausgecheckt.

CheckOut und *CheckIn* können auch manuell (explizit) erfolgen, z. B. um Dokumente oder Items zu reservieren. Dies kann notwendig sein, wenn Objekte von einem Benutzer über mehrere Tage bearbeitet werden.

Mit der rechten Maustaste auf das gewünschte Dokument klicken, *Ein-/ Auschecken* anwählen und die gewünschte Aktion ausführen.

Im Dialog *Auschecken* können optional Änderungsnummer und Kommentare für den Grund des Auscheckens angegeben werden.

Ein Dokument kann beim Auschecken exportiert werden und für einige Zeit in einem Fremdsystem bearbeitet werden. Das Teil ist dann für andere Benutzer gesperrt.

Nach Fertigstellung kann das Objekt manuell wieder eingecheckt werden und für die weitere Bearbeitung auch für andere Benutzer zur Verfügung stehen.

Wird ein Item oder eine ItemRevision für das Auschecken gewählt, so können unter *Ausgewählte Komponenten durchsuchen*, die einzelnen Dokumente für das Auschecken in einem separaten Dialog (nebenstehend) gewählt werden.

Ein **Benachrichtigungsdienst** kann verschiedene Benutzer auf Ein- und Auscheckvorgänge von gewählten Objekten hinweisen.

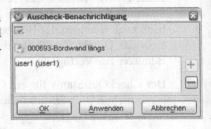

⇨ Objekt wählen ⇨ RMT oder

⇨ *Werkzeuge*

⇨ *Einchecken/Auschecken übertragen*

⇨ *Benachrichtigungsliste...* ⇨ im Dialog

⇨ *Hinzufügen* des aktuellen Benutzers (Standardbenutzer können nur sich selbst hinzufügen)

Wird dieses Objekt von anderen Benutzern ein- oder ausgecheckt, so erhalten die im Dialog eingetragenen Benutzer eine Nachricht in die TCX-Mailbox.

4.8 Suchfunktionen

Grundsätzlich kann nach allen Informationen, die in Teamcenter verwaltet werden, auch eine Suchanfrage gestellt werden. Dies können sowohl Teile, Attribute zu Objekten, Objektzugehörigkeiten (z. B. Objekte von Benutzern), letztes Änderungsdatum usw. sein.

Voraussetzung hierfür ist natürlich, dass zu den Objekten auch die entsprechend suchbaren Informationen durch das System und den Benutzer hinterlegt sind. Häufige Fragestellungen für Suchen sind z. B.:

- Wo ist das Objekt (ein Teil, ein Dokument etc.)?
- Wo ist ein Objekt verbaut?
- Wer hat und wohin ist ein Objekt referenziert?
- Welche Objekte wurden zuletzt geändert?

Die **Teamcenter Schnellsuche** mit Zugriff auf die wichtigsten Suchfunktionen befindet sich links in der Navigatorleiste.

Wildcard-Suche mit * als Platzhalter verwenden, und den grünen Pfeil zum Starten der Suche betätigen. Der *Pfeil nach unten* gibt im FlyOut Menü Filtermöglichkeiten an.

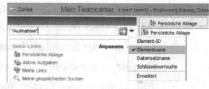

Empfohlen: *Suchbegriff*

Suche nach:

- *Element-ID*: Idenfikationsnummer (Item, ItemRevision, Dokument)
- *Elementname*: Durch den Benutzer vergebener Name eines Elements (Item, ItemRevision)
- *Datensatzname*: Name des Dokuments
- *Schlüsselwortsuche*: Suche innerhalb der Objekte nach dem Schlüsselwort. Dazu muss FTS (FullTextSearch) installiert sein.
- *Erweitert*: Zugriff auf alle hinterlegten Suchen in einem weiteren Fenster

Ein Suchergebnis wird als eigene Registerkarte (Tab) im Explorerfenster ausgegeben. Diese Suchergebnisse können für verschiedene weitere Operationen genutzt werden. Folgende Funktionen sind hierfür mittels RMT auf den Titel des Tabs (*Elementname (1)*) erreichbar.

- *Schließen*
- *Alles schließen* (Alle Tabs)
- *Neu benennen* der Suche (von *Element (1)* zu z. B. Aufnahme)
- *Aktualisieren,* das heißt Suche neu ausführen – die Tabs bleiben bestehen, bis diese explizit geschlossen werden und überdauern auch Teamcenter-Neustarts

- *Vergleichen zu* (siehe unten)
- *Verschieben nach* - verschiebt den Tab an eine andere Stelle.
- *Im Ordner speichern* ... Speichern der Suche <u>als Ordner</u> im Standard-Ordner (hier *Neue Daten*) unter dem Namen der Suche.
- *Drucken* - der Suche als Liste von Items.
- *Projekt* - kann diese Suche einem Projekt hinzufügen/entfernen.
- *Für Meine gespeicherten Suchen hinzufügen* - speichert die Suche als Vorlage.

Vergleiche zu weiteren noch als Tab geöffneten Suchen können genutzt werden, um die Qualität anderer Suchbegriffe zu prüfen oder verschiedene Suchergebnisse mit einander abzugleichen.

⇨ *Vergleichen zu*

Name der Suche aus Kontextmenü

Die *Erweiterte Suche* ist in der Icon-Leiste zu finden und öffnet ein Such-fenster im Explorer.

Linke Maustaste auf das Drop-Down Menü zeigt die weiteren Suchen an. Die Option *Verbleibend* öffnet weitere Suchfilterkriterien, die wiederum mit der Option *Weiter* mehr Suchkriterien zur Verfügung stellen.

 Löscht die Voreinstellungen und weitere Angaben

 Sperrt die Suche / hebt die Sperre auf

 Speichert die Suche mit einem Namen

 Führt die Suche erneut aus

Allgemein... führt eine allgemeine Suche aus und sollte Ausgangspunkt der meisten Suchen sein. Voreingestellt sind hier Kriterien Benutzer und Gruppe.

Linke Maustaste auf *mehr* erweitert die Ansicht. Im gezeigten Beispiel werden alle Dokumente vom Typ „Item" des Eigentümers user1 gesucht.

Linke Maustaste auf den Button rechts neben dem Eingabefeld zeigt die hinterlegten Wertelisten an und ermöglicht eine Vorauswahl. Die Leerzeile oben in der Liste sucht über alle Werte.

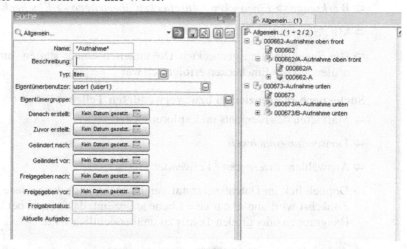

Begrenzung des Suchraumes ist sinnvoll, damit nicht über alle Datenbestände der Datenbank gesucht wird und somit Suchzeiten reduziert werden.

⇨ Markieren eines Bereichs im *PSE* oder *Mein Teamcenter*, in dem gesucht werden soll (hier der Ordner *Unimog*)

⇨ Auswählen einer Suche, z. B. nach ausgecheckten Dokumenten

⇨ Linke Maustaste auf Erweitert... (im Feld unten)

⇨ *Zielliste* ⇨ *Mein Teamcenter*

OK ⇨ *Start* der Suche

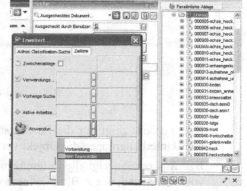

 Die Suche nach durch den Benutzer ausgecheckten Dokumenten sollte regelmäßig am Ende einer Teamcenter-Sitzung erfolgen. Alle Teile, die versehentlich oder bewusst für den Benutzer ausgecheckt sind, können nicht durch andere weiter bearbeitet werden.

Ausgecheckte Dokumente wieder freigeben

➪ In der Suchergebnisliste alle Dokumente markieren

➪ *Werkzeuge* ➪ *Einchecken / Auschecken übertragen* ➪ *Einchecken*

➪ Mit *Ja* bestätigen

➪ Die Suche nach ausgecheckten Dokumenten erneut starten, um zu überprüfen, ob das Einchecken erfolgreich war

Suche nach referenzierten bzw. verwendeten Teilen

➪ Markieren des Elements im Explorerfenster

➪ *Verwendungsnachweis*

➪ Auswählen: *Referenzen / Verwendet*

➪ Doppelklick im Datenfenster auf das Element zeigt die nächste Ebene an. Zunächst wird immer nur eine Ebene angezeigt, da es sonst bei komplexen Baugruppen oder großen Teams zu unübersichtlich wird.

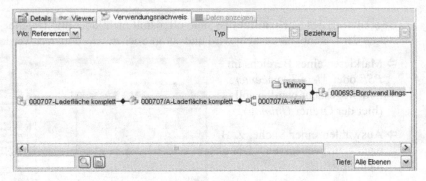

Wo: Verbaut zeigt <u>nur</u> die Produktstruktur an und in welchen Baugruppen oder Unterbaugruppen das Objekt verwendet wird.

Wo: Referenzen zeigt <u>alle</u> Referenzen eines Objekts an, die in der Datenbank vorhanden sind, wie z. B. in Ordnern oder Stücklisten.

Typ und *Beziehung* sind Filterkriterien für die Anzeige.

Tiefe: bestimmt die Betrachtungsebene der Referenzen.

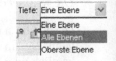

 Für das Suchen auf *Allen Ebenen* kann es bei großen Datenbeständen zu erheblichen Wartezeiten kommen. Daher sollten zunächst nur *Obere Ebene* oder *Eine Ebene* durchsucht werden, bevor *Alle Ebenen* in die Referenzsuche einbezogen werden.

4.9 Verwaltung der Mailbox

Briefumschlag (engl. envelope) bezeichnet eine Nachricht, die innerhalb von Teamcenter zu anderen Benutzern versendet wird (vergleichbar mit einer E-Mail). Referenzen zu Teamcenter-Objekten (Items, Dokumente, Aufgaben etc.) können als Anhänge versendet werden. Eine Anbindung des TCX-internen E-Mail-Verkehrs an einen außerhalb von TCX gehosteten E-Mail-Service ist administrativ möglich.

Versenden eines Briefumschlags mit einem als Referenz angehängten Objekt funktioniert wie folgt:

⇨ Objekt im Explorer oder Datenfenster auswählen

⇨ *Datei* ⇨ *Neu* ⇨ *Briefumschlag...* ⇨ Dialog ausfüllen

⇨ *AN...* bzw. *CC...* öffnen den Dialog *Empfänger auswählen*

Suche über Wildcard * erlaubt, Benutzer, Gruppen und Adresslisten (Verteiler-Listen, siehe unten) auszuwählen. Minus entfernt selektierte Einträge aus den jeweiligen Listen.

⇨ *Senden*

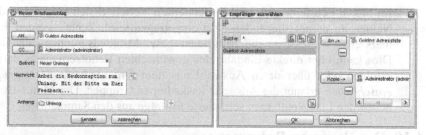

Empfangen eines Briefumschlags und Einfügen der mit gesendeten Referenzen kann so geschehen:

⇨ Ordner *Mailbox* öffnen und *Umschlag* selektieren

⇨ im Datenfenster *Viewer* Tab aktivieren

⇨ Anhang der Mail (Referenz des Ordners *Unimog*, Eigentümer ist immer noch der Absender) *Ausschneiden* und in einen eigenen Ordner *Einfügen*. Die Mail kann anschließend gelöscht oder aufbewahrt werden.

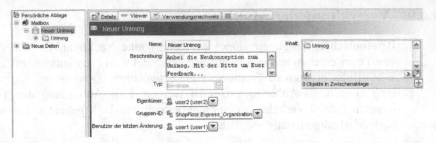

Adresslisten mit Benutzern oder Benutzergruppen können ebenfalls individuell erstellt und verwaltet werden. Dazu werden aus der bestehenden Organisation heraus die Gruppen oder Benutzer gewählt, die für einen bestimmten

Mail-Verteiler interessant sind.

⇨ Menü

⇨ *Werkzeuge*

⇨ *Adressliste...*

Im linken Fensterbereich sind die erstellten Verteilerlisten aufgeführt, deren Namen im darunterliegenden Feld eingetragen wird. Rechts werden zu der markierten Adressliste die Mitglieder bzw. Mitgliedsgruppen zugeordnet. Dies kann über direkte Eingabe des gewünschten Benutzernamens darunter erfolgen oder über deren Auswahl aus dem Organigramm. *Untergruppen einschließen* erlaubt die Auswahl kaskadierter Gruppen. Die Minus-Buttons neben den Listen entfernen selektierte Einträge aus den Sammellisten.

4.10 Drucken von Dokumenten

In TCX können folgende Objekttypen auf clientseitig oder TCX-serverseitig eingerichteten Druckern gedruckt werden:

- 2D-CAD-Zeichnungen in Teilen, Baugruppen oder Ordnern
- Bilddateien in Teilen, Baugruppen oder Ordnern
- Gängige Office 2003/2007-Formate und *.pdf

⇨ In Mein Teamcenter oder PSE Objekt selektieren

 ⇨ Menü ⇨ *Drucken...* oder RMT *Drucken (Print)*

⇨ im Dialog client- oder serverseitig eingerichteten Drucker wählen und ggf. Wasserzeichen (Text oder Bild) definieren.

Über STRG und Auswählen mehrerer Objekte können auch gleichzeitig mehrere Druckaufträge abgesendet werden.

5 Verwaltung von Baugruppen

 Für die Verwaltung von Baugruppen in TCX steht eine separate Anwendung, der Produktstruktur-Editor (PSE), zur Verfügung. Mit dem PSE können Baugruppenstrukturen erzeugt, editiert und auch variiert werden. Mit der Erzeugung einer einzigen allgemeingültigen Struktur und anschließender Konfiguration der Sichtweise auf diese Struktur wird redundante Datenhaltung vermieden.

5.1 Grundlagen

Der PSE zeigt Strukturen von Baugruppen in Form von aufklappbaren Baumdiagrammen in Listenform an. Diese Struktur entspricht etwa der Ansicht in Baugruppenbäumen in den CAD-Systemen, nur mit dem Unterschied, dass im PSE auch nicht mit Geometrie hinterlegte Komponenten verwaltet werden können.

Der PSE kann hieraus Stücklisten unterschiedlicher Konfiguration erzeugen (engl. Bill of Materials BOM). Eine **Stückliste** beinhaltet die Auflistung von Teilen, Baugruppen, aber auch von Zusatz- und Hilfsstoffen, die zur Herstellung eines Produkts benötigt werden.

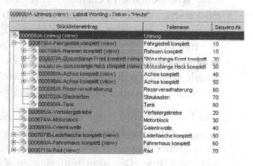

 Eine gleichzeitige Bearbeitung von Baugruppen sowohl im PSE als auch in der entsprechenden CAD-Anwendung wird nicht empfohlen. Stattdessen werden die entsprechenden Teile/Items zunächst ausgecheckt, um sicherzustellen, dass keine weiteren Benutzer Änderungen vornehmen.

5.1.1 Views

Sichten (engl. views) dienen im Allgemeinen der vereinfachten Filterung und Strukturierung von Daten und Informationen. Das aus der Datenbankentwicklung weit verbreitete Konzept findet sich so auch in TCX wieder. Hier werden relevante Produktdaten zusammengestellt und dem Benutzer in verschiedenen Kontexten präsentiert, ohne die original zugrunde liegenden Daten zu verändern. Bei Änderungen der originalen Stammdaten werden jedoch auch die Sichten neu berechnet. Ein singuläres TCX-Objekt (z. B. ein Item) kann so verschiedenen Bereichen unterschiedlich zugeordnet und verwendet werden, ohne die Konsistenz der Daten zu verletzen.

Ein View-Objekt wird zu einem Item zugehörig definiert und beinhaltet die Produktstrukturinformationen. Für die Produktstruktur können dies BOM-View-Objekte sein, die in der Anwendung PSE angezeigt und bearbeitet werden. **BVR** (BOMView Revisions) werden in den einzelnen Revisionen der Items verwendet und sind zu diesen durch die Relation *BOMView revision* zur ItemRevision bestimmt. Die BVR ist in anderen TCX-Anwendungen sichtbar und wird dort wie ein eigenständiges Item behandelt.

Zu einem Item können unterschiedliche Typen von BVRs existieren, die administrativ festgelegt werden (z. B. eine BVR für eine fixierte Baugruppenstruktur), aber nur eine BVR eines Typs pro Item oder Item-Revision. In der Regel haben unterschiedliche BVR-Typen unterschiedliche Aufgaben und sind gut am Namen zu identifizieren.

5.1.2 Änderungsstandregel

Eine Komponente (Teil/Item) einer Baugruppe kann mehrere Revisionen aufweisen, diese Revisionen können einen unterschiedlichen Status (z. B. Freigabe) oder andere relevante Eigenschaften besitzen. Dadurch ist es möglich, Baugruppenstrukturen zu bestimmten Zeitpunkten, mit bestimmten Eigenschaften jederzeit zu betrachten oder für künftige Entwicklungen zu editieren. Es ist also wichtig, die jeweilig zu betrachtenden Revisionen in **Änderungsstandregeln** (engl. revision rules) zu fassen.

Das folgende Bild zeigt ein Beispiel zur Verdeutlichung, wie die gleiche Baugruppe (BG_100), bestehend aus verschiedenen Komponenten unterschiedlicher Revision und Status, je nach Änderungsstandregel dargestellt werden würde. Die grau hinterlegten Komponenten sind die, die dann im PSE angezeigt werden.

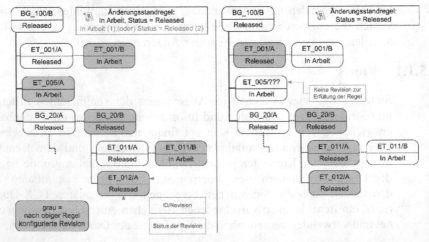

Die Änderungsstandregeln sind kumulativ, das heißt es existieren eine Reihe einzelner, administrativ festgelegter Elementar-Regeln (im Download-Bereich sind Dokumente mit den Standardregeln aufgeführt), die zusammengefasst als Kriteriensatz die Änderungsstandregel repräsentieren. TCX evaluiert die Elementar-Regel-Einträge der Reihenfolge nach.

Somit können verschiedene Bearbeiter ein und derselben BVR mit der Änderungsstandregel unterschiedliche Konfigurationen dieser BVR unter verschiedenen Gesichtspunkten zusammenstellen.

 Für das Arbeiten im PSE werden von TCX immer Änderungsstandregeln angezogen.

 Änderungsstandregel anwenden

⇨ PSE Menü ⇨ *Werkzeuge* ⇨ *Änderungsstandregel*

⇨ *Anzeigen / Aktuelle festlegen*

TCX zeigt den Änderungsstandregel-Dialog an mit einer Liste der Regeln, die durch privilegierte Benutzer definiert sind.

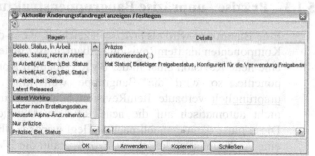

Eine vordefinierte Standard (default) Änderungsstandregel kann über

⇨ PSE Menü ⇨ *Bearbeiten* ⇨ *Optionen...* ⇨ *PSE* eingestellt werden.

Änderungsstandregel neu definieren

PSE Menü ⇨ *Werkzeuge* ⇨ *Änderungsstandregel* ⇨ *Erstellen / Bearbeiten*

Im Dialog Konfigurationsregeln kann nun eine Änderungsstandregel ausgewählt werden, die über den Button Erstellen oder Ändern neu definiert wird.

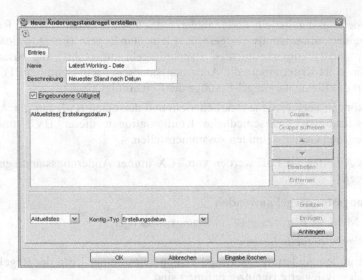

5.1.3   Präzise / unpräzise Baugruppenstrukturen

Eine Baugruppe wird als *präzise* bezeichnet, wenn die Komponenten als <u>ItemRevision</u> verbaut sind. Entsteht eine neue Revision einer in der BVR verbauten Komponente, so wird die Baugruppe weiterhin die <u>ursprünglich</u> verbaute ItemRevision beinhalten und nicht automatisch auf die neue Revision bezogen. Diese muss dann manuell nachgepflegt werden. Über eine Änderungsstandregel *Nur Präzise* kann die BVR konfiguriert angezeigt werden.

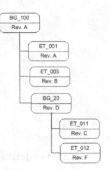

Präzise Baugruppen können gut bei vorgeschriebener, sorgfältiger Revisionskontrolle eingesetzt werden (z. B. für sicherheitsrelevante, dokumentationspflichtige Produkte). Für Änderungen an freigegebenen BVRs müssen diese revisioniert werden.

Ist eine Baugruppe als *unpräzise* definiert, so werden die Komponenten als <u>Item</u> verbaut. Entsteht eine neue Revision einer verbauten Komponente, so kann die Baugruppe mit dieser neuen Revision aufgebaut werden. Das heißt TCX aktualisiert automatisch die BVR, wenn von den verbauten Komponenten neue Revisionen vorliegen. Über die Anzeige entscheidet eine Änderungsstandregel, die je nach Bedarf konfiguriert werden kann.

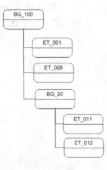

Über die Änderungsstandregel hinaus kann

⇨ PSE Menü ⇨ *Bearbeiten* ⇨ *Präzise / unpräzise umschalten*

die jeweils aktive Baugruppe im PSE in den entsprechenden Modus umschalten. Dies ist sowohl an der anderen Farbgebung der Komponenten (grün = präzise, grau = unpräzise) als auch an der Information der Komponenten im Fenster ersichtlich.

5.2 PSE Benutzungsoberfläche

Die Benutzungsoberfläche der PSE-Anwendung beinhaltet teilweise andere Menüeinträge und auch andere Funktionen als die Umgebung *Mein Teamcenter*. Wesentlicher Unterschied ist das Fenster, in dem hier die eigentliche Produktstruktur der jeweils ausgewählten Baugruppe abgebildet ist.

Ein Fenster kann sowohl den Produktstruktur-Baum als auch eine Visualisierung von weiteren Daten in den Tabs abbilden.

⇨ PSE-Menü ⇨ *Ansicht* ⇨ *Datenfenster anzeigen/ausblenden*

Viewer zeigt JT-Daten oder weitere hinterlegte darstellbare Daten im zuschaltbaren Datenfenster an.

Verwendungsnachweis bildet die Verwendung der selektierten Komponenten ab.

Anhänge zeigt die zur ItemRevision gehörenden untergeordneten Daten an.

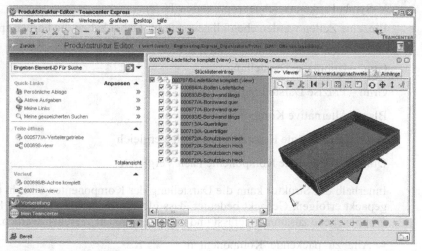

5.2.1 Anzeige der Struktur

Die Anzeige der Struktur im PSE erfolgt als Listen-Baumstruktur. Zu jeder Komponente im Baum werden folgende Daten angezeigt:

- *Item/Teile ID*
- *ItemRevision* wenn keine eindeutige Revision gefunden wird, werden *???* angezeigt
- *Sequenz-Nr.* Jeder Eintrag erhält eine standardmäßig um Inkrement 10 erhöhte eindeutige Nummer. Diese gilt als zusätzliche Identifikation auf einer Baugruppenstrukturebene.
- *Item Name*
- *Anzahl* repräsentiert die Menge der in der Baugruppe verbauten gleichen Komponenten. Die Struktur kann gepackt oder entpackt dargestellt werden.

Die Darstellung der Spalten kann individuell angepasst werden.
⇨ RMT auf Spaltenüberschriften ⇨ *Spalte einfügen...*

Baugruppenknoten können über plus und minus (+/−) auf die Knoten erweitert / reduziert werden.

Baugruppenknoten, die **Alternativen** enthalten, sind mit einem umkreisten A-Symbol gekennzeichnet.

Baugruppenknoten, die **Varianten** enthalten, sind mit einem umkreisten V-Symbol gekennzeichnet (optional in TCX).

Einzelne Zeilen werden ebenfalls eingefärbt. Dabei haben die Farben spezifische Bedeutungen:

Grau − Unpräzise Darstellung

Grün − Präzise Darstellung

Blau − Alternative Komponente

Rot − Hinzugefügte Komponenten nach Vergleich

Orange − Geänderte Komponente nach Vergleich

Innerhalb der Struktur kann die Darstellung der Komponenten einzeln oder gepackt erfolgen. Gepackt bedeutet, dass gleiche Komponenten einer Baugruppenebene zusammengefasst und mit einer Anzahl versehen werden.

⇨ Alle zu packende Komponenten selektieren (Strg+LMT für Mehrfachauswahl)

⇨ PSE-Menü *Ansicht* ⇨ *Packen*

Attribute zu den Komponenten werden in der konfigurierbaren Liste angezeigt. Einen Überblick zu allen Attributen mehrerer gewählter Komponenten (siehe Bild oben) gibt die Funktion ⇨ *Ansicht* ⇨ *Eigenschaften*. Eine
Liste mit den entsprechend verfügbaren Eigenschaften und deren Bedeutung ist im Download-Bereich hinterlegt.

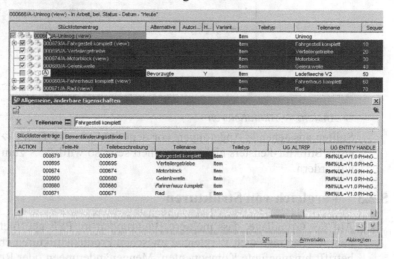

5.2.2 Fenster im PSE

Es können mehrere im PSE geöffnete Baugruppen in nebeneinander ange-
ordneten Fenstern angezeigt werden (Button oben rechts).

⇨ *Sichtbare Fenster*

⇨ Offene Strukturen mit Strg+LMT
  auswählen

⇨ *Fenster nebeneinander*

Der schwarze Rahmen um das Fenster zeigt das jeweils aktive an. Sind in
mehreren Fenstern abhängige Strukturen angezeigt, so werden die Änderungen explizit gespeichert, die im aktiv gekennzeichneten Fenster umgesetzt wurden. Das andere Fenster muss ggf. aktualisiert werden.

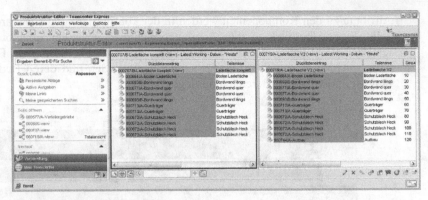

⇨ *Ansicht* ⇨ *Aktualisieren*

Sollten ausstehende Änderungen vor dem Schließen ⇨ *Datei* ⇨ *Schließen* eines Struktur-Fensters nicht gespeichert sein, so wird TCX zum Speichern auffordern.

5.2.3 Vergleich von Strukturen

Auf der Grundlage, dass mehrere Baugruppen im PSE geöffnet sein können, werden hier auch Vergleiche zwischen Produktstrukturen erstellt. Dies betrifft hinzugefügte Komponenten, Mengenänderungen oder Revisionsänderungen der Komponenten.

⇨ *Werkzeuge* ⇨ *Vergleichen...*

⇨ *Modus* (Wahl der Detailebene für den Vergleich) im Dialog wählen

⇨ *Bericht* (an, aus) zeigt in einem separaten Fenster unterhalb die verschiedenen Komponenten an, die andernfalls in der Struktur rot markiert sind.

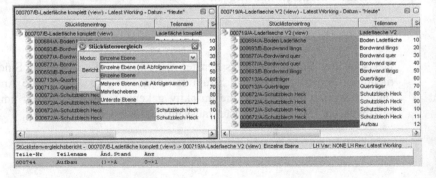

Die Option *Modus* im Dialog zeigt:

- *Einzelne Ebene* vergleicht nur die oberste Ebene der Struktur.

- *Mehrfachebene* vergleicht die oberste Ebene der Struktur und anschließend die obersten Ebenen von Unterbaugruppen in Einzelver-
  gleichen bis zur letzten Ebene.

- *Unterste Ebene* vergleicht nur Komponenten auf der untersten Ebene
  der Struktur.

⇨ *Werkzeuge* ⇨ *Vergleich löschen* entfernt einen bestehenden Vergleich.

5.3 Erzeugen von Baugruppen

5.3.1 Baugruppendaten verwalten

Für die Erzeugung einer Baugruppe muss zunächst ein Bauteil/Item mit
Baugruppeninformationen erzeugt werden.

⇨ *Datei* ⇨ *Neu* ⇨ *Teil*...

⇨ Teilinformationen im Dialog zuweisen, Teil/Revision werden erstellt.

Bis hierher ist das Vorgehen für ein Teil/Item identisch.

⇨ *Teil markieren*

⇨ *Datei* ⇨ *Neu*

⇨ *Änderungsstand der
    Stücklistenansicht
    (ASA)*...

⇨ Typ *view* wählen

Alternatives Vorgehen:
Rechte Maustaste auf die
Revision

⇨ *Versenden an*

⇨ *Produktstruktur-Editor*

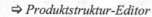

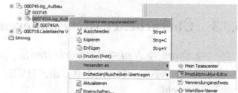

Bei dieser Aktion wird der Revision **automatisch** der Änderungsstandregel
folgend ein Stücklistenobjekt (BOMView) zugewiesen.

Das *Speichern* von BVRs geschieht in der Regel automatisch, kann jedoch
durch die entsprechende Speichern-Funktion manuell ausgeführt werden.

Ein *Speichern unter...* ist für eine BOMView ebenfalls möglich. Hier kann zum einen die BOMView eines Items in ein anderes Item kopiert werden.

⇨ *Datei* ⇨ *Speichern unter* ⇨ *Stückl.ansicht* ⇨ Ziel Teil eingeben

Zum anderen kann ein anderer Typ von View als die bestehende unter dem gleichen Item abgelegt werden. Es kann pro Item nur eine BVR eines Typs definiert werden.

5.3.2 Anlegen von Komponenten

⇨ *Bearbeiten* ⇨ *Hinzufügen...*

Über die Suchauswahl kann ein Teil nach Name oder ID gesucht werden (hier Aufbau). Dieses Teil wird der Stückliste hinzugefügt.

Alternativ Kopieren & Einfügen

Mit Auswahl und Kopieren eines Items in die Zwischenablage in der Anwendung *Mein Teamcenter* kann im PSE aus der Zwischenablage heraus auch ein Teil in die Struktur eingefügt werden.

Eine **Unterbaugruppe** wird wie eine neue Komponente aus einem neu angelegten Item heraus angelegt. Ist die Unterbaugruppe im PSE während des Einfügens der Einzelteile selektiert, so werden die Einzelteile unterhalb der Selektion eingeordnet.

5.3.3 Überarbeiten (Revisionieren)

⇨ *Datei* ⇨ *Neu* ⇨ *Überarbeiten...*

Die Revision B wird für die BVR angelegt.

5.3.4 Speichern unter ...

Neue Variante einer BVR (nicht mit Variantenmanagement aus TC vergleichbar) der Baugruppe in *Mein Teamcenter* anlegen

⇨ *Datei* ⇨ *Speichern unter ...*

⇨ *Element (Änderungsstand...)*

⇨ *Zuweisen* ⇨ Daten ausfüllen

Das neue Teil basiert auf dem Änderungsstand B des Originals. Versenden der neuen Variante an den PSE.

5.3.5 Ändern und Löschen von Komponenten

✗ **Komponenten löschen**

 ⇨ *Bearbeiten* ⇨ *Löschen*... entfernt die selektierte Komponente und löscht das Item aus der Datenbank unwiederbringlich.

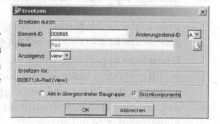

Komponenten ändern

in der Baugruppenstruktur kann durch Cut & Paste-Operationen ausgeführt werden. Darüber hinaus gibt es die nachfolgend erläuterten Funktionen.

— ⇨ *Bearbeiten* ⇨ *Entfernen*... (Strg+R)

Die selektierten Komponenten werden entfernt und nicht in die Zwischenablage gelegt.

⇨ *Bearbeiten* ⇨ *Ersetzen* (ohne ...)

ersetzt die selektierte Komponente mit derjenigen aus der Zwischenablage.

⇨ *Bearbeiten* ⇨ *Ersetzen*...

erlaubt, das Ersetzen von Komponenten in der Baugruppe durch den Auswahldialog. Hier kann nach Name oder ID gesucht werden sowie eine spezifische ItemRevision angegeben werden.

Interessant sind hier die Funktionen *Alle in übergeordneter Baugruppe*, die sämtliche gleiche ItemRevisionen aus der aktiven Baugruppe durch die neu ausgewählten ersetzt, oder *Einzelkomponente*, die tatsächlich nur die gewählte Komponente in der Baugruppe ersetzt.

5.4 Baugruppeninformationen bearbeiten

Eigenschaften mehrerer Komponenten bearbeiten

 ⇨ *Mehrere Komponenten im PSE wählen* ⇨ *RMT Eigenschaften*

Die Eigenschaften der singulären Einträge werden im abgebildeten Dialog dargestellt und können hier gefiltert und editiert werden (hier Sequenz-Nr.).

Sequenznummer bearbeiten
erfolgt über die Eigenschaften der entsprechenden Komponenten über eine Baugruppenebene. Erzeugt die Sequenznummeränderung eine veränderte Darstellungsreihenfolge, so wird über Reduzieren und Erweitern des oberen Baugruppenknotens die Sequenz aktualisiert.

Mengen ändern
erfolgt bezogen auf die im Objekt definierte Einheit (vgl. Kapitel 4.2). Ist keine Maßeinheit definiert, muss die Änderung ganzzahlig sein (das System nimmt dann als Einheit *Stück* an).

 Die Menge von gepackt dargestellten Zeilen im PSE ist nicht editierbar, das heißt für eine Mengenänderung ist der PSE-Baum stets zu entpacken.

5.5 Baugruppenkonfigurationen permanent ablegen

Eine einfache Möglichkeit, Baugruppenkonfigurationen permanent abzulegen ist das Erzeugen von Schnappschüssen.

Diese Schnappschüsse (engl. snapshots) sind Ordner, die ausschließlich die ItemRevisionen einer konfigurierten Baugruppe enthalten und nicht die referenzierten Items und sonstige Daten. Schnappschüsse werden verwendet, um eine Baugruppenstruktur als einen, zu einem bestimmten Zeitpunkt eingefrorenen Stand abzulegen.

Schnappschuss erzeugen

⇨ Gewünschte Konfiguration der Baugruppe erzeugen

⇨ *Datei* ⇨ *Neu* ⇨ *Schnappschuss*

⇨ Name und ggf. Beschreibung

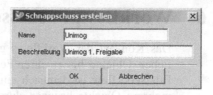

Eine *3D-Schnappschuss*-Relation wird auf oberster Ebene der Baugruppe angelegt.

Zusätzlich wird ein Schnappschussordner am spezifizierten Ort (standardmäßig Neue Daten) angelegt, der alle Referenzen zu den ItemRevisionen beinhaltet.

Schnappschuss öffnen

⇨ Schnappschuss in *Mein Teamcenter* auswählen und auf die Schaltfläche PSE ziehen.

⇨ Die Struktur der Baugruppe erscheint, wie diese ursprünglich im Schnappschuss angelegt wurde.

Neben dem Erzeugen von Schnappschüssen für das permanente Ablegen von Baugruppenkonfigurationen können auch sog. **Baselines** erzeugt werden. Dies entsprechen in etwa einer Entwicklungsstandsdokumentation. Die Erläuterung zur Verwendung der Baselines kann jedoch im Rahmen dieses Buches nicht adäquat abgebildet werden (vgl. Online Hilfe).

6 Workflow, Prozesse und Aufgaben

Das Konzept der Workflows geht davon aus, dass alle in Arbeit befindlichen Objekte bis zu ihrer Fertigstellung mehrere Prozesse durchlaufen. Ein Workflow ist demnach eine Abfolge von Prozessen, die auf ein oder mehrere Objekte bezogen durchgeführt werden. Ein Prozess besteht aus einer Reihe von Aktivitäten bzw. Aufgaben, die von unterschiedlichen Ressourcen (z. B. von verschiedenen Benutzten in unterschiedlichen Rollen) durchgeführt werden. Diese Aufgaben können als Ergebnis z. B. eine Statusänderung des mit dem Prozess beaufschlagten Objekts haben.

6.1 Aufgabenordner

Für das Bearbeiten von Workflows bietet TCX die *Aktiven Aufgaben*. In dieser Umgebung sind im Ordner *Eingänge* die benutzerspezifischen Aufgaben abgelegt. Der Ordner *Auszuführende Aufgaben* beinhaltet ausstehende, zu bearbeitende Aufgaben. Der Ordner *Zu verfolgende Aufgaben* beinhaltet Aufgaben, die den aktiven Benutzer interessieren (bspw. hat dieser den Workflow initiiert und muss diesen verfolgen), ist aber momentan nicht der Bearbeiter der Aufgabe.

Daneben steht in dieser Umgebung ein weiterer Menüeintrag *Aktionen* zur Verfügung, der für die Bearbeitung von Aufgaben entsprechende Funktionen beinhaltet.

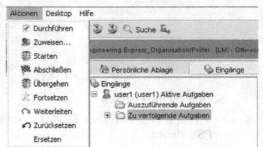

6.2 Status und Status Manager

Freigaben von Items oder ItemRevisionen erfolgen, wenn z. B. ein Konstruktionsprozess soweit abgeschlossen scheint und der nächste Schritt in der Produktentwicklung (z. B. Berechnung oder Arbeitsvorbereitung) angegangen werden kann oder eine Prüfung die Freigabe gestattet. Die Objekte sind mit einem ReleaseStatus versehen.

Damit erkenntlich ist, welchen Status Objekte haben, werden diese mit einem Freigabestatus gekennzeichnet. Dieser wird durch eine farbige Zahl verschlüsselt dargestellt.

10 – zurückgewiesene Prüfung

20 – In Prüfung

30 – Entwicklungsfreigabe

60 – Produktionsfreigabe

90 – Obsolete / ungültige Objekte

Die Statuskennzeichnungen sind administrativ festgelegt und demnach auch administrativ einstellbar. Einige Status-Kennzahlen sind nicht belegt.

Prüfstatus

⇨ *Mein Teamcenter* ⇨ zu prüfende Objekte auswählen ⇨ *Werkzeuge*
⇨ *Status Manager* ⇨ *Prüfen (20)*

Freigabestatus (60) verändert die Zugriffsrechte auf ein Objekt und dieses ist somit gegen künftige Änderungen geschützt. Freigegeben werden Baugruppen und Einzelteile sowie weitere PDM-Objekte. Benutzer können nur einen Prüfstatus (20) zuweisen. Freigaben müssen durch privilegierte Benutzer erfolgen. Besitzt der aktive Benutzer diese Rechte, so kann er mittels Status Manager ebenso andere Status für die gewählten Objekte festlegen.

6.3 Verwendung von Workflows

In TCX existieren eine Reihe von Prozessvorlagen, die für das Erstellen eines Workflows (also Prozesse + Objekte + Ressourcen) notwendig sind. Anschließend wird für eine Baugruppe ein Workflow von einer Statusänderung von einem Konstrukteur (Autor) durch einen Prüfer umgesetzt.

6.3.1 Zuweisung von Objekten zu Prozessen

⇨ Anmelden als Benutzerrolle Autor

⇨ Versenden der Baugruppe an PSE

⇨ Oberste Baugruppe selektieren

⇨ *Datei* ⇨ *Neu* ⇨ *Prozess...*

⇨ Im Dialog Daten eingeben

⇨ *Prozessvorlage* [Statusänderung]

⇨ Zurück zum PSE

⇨ Alle weiteren Komponenten kopieren (Zwischenablage)

⇨ In den Ordner *Ziele* einfügen

Die *Prozessvorlage* (Tab) sieht eine
Genehmigung durch einen Benutzer
(der noch zugewiesen werden muss)
vor sowie die Statusänderung der in
den Zielen definierten Objekte.

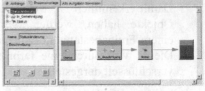

Alle Aufgaben zuweisen zeigt die
verschiedenen Aufgaben und hier
kann eine Zuweisung der Benutzer
durch den Prozessinitiator erfolgen.
Auswahl des Benutzers und Zuweisung kann mit + erfolgen.

Hier noch keine Zuweisung vornehmen und das folgende Kapitel lesen.

6.3.2   Bearbeitung während eines Prozesses

 Eine neue Aufgabe erscheint im
Ordner *Auszuführende Aufgaben* des
Prozessinitiators[4] (hier Konstrukteur). Nun kann ein Genehmigungsteam für die Aufgabe zusammengestellt werden (*select-signoff-team*,
engl. *signoff* = hier etwa: unter-
schreiben). Die ItemRevisionen und
die Dokumente im Ordner Ziele sind
mit dem Symbol gekennzeichnet.

 ⇨ Aufgabe (*select signoff team*) im Tab Viewer betrachten

 ⇨ *Genehmigungsteam - Prüfer/1* wählen

⇨ *Gruppe, Rolle, Benutzer* auswählen und + (hier: Senior Engineer, dieser
Benutzer ist zuvor administrativ so eingerichtet worden) ⇨ *Anwenden*

---

[4] Der Konstrukteur erhält hier die Aufgaben, da es sich um einen Workflow mit Selbstkontrolle handelt.
Im Allgemeinen wird die nächste Aufgabe in einem Workflow dem entsprechend zugewiesenen Benutzer zugestellt.

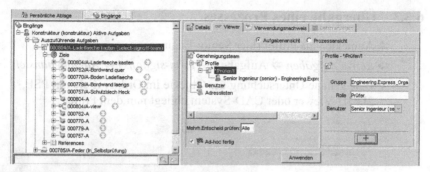

Nun wird diese Aufgabe dem gewählten genehmigenden Benutzer zugestellt.

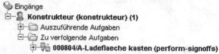

Da der aktive Benutzer (Prozessinitiator) diese Aufgabe nicht mehr in Bearbeitung hat, wird diese in den Ordner *Zu verfolgende Aufgaben* abgelegt. Die Aufgabe heißt nun (*perform-signoffs* = durchführen).

Beim Wechsel von der *Aufgabenansicht* auf die *Prozessansicht* (Schalter mittig oben) sind die abgearbeiteten Aufgaben bereits grün gefärbt. Ein Klick auf den aktuellen Prozess zeigt an, wer die Genehmigung durchführt, und bisher keine Entscheidung getroffen ist.

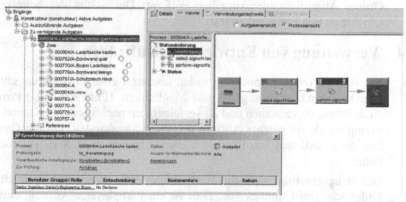

 Ein Workflowinitiator muss zu den Teilaufgaben des von ihm angestoßenen Prozesses ausführende Benutzer zuweisen. Der Prozess kehrt dann immer wieder zum Initiator zurück, wenn ein nächster Bearbeiter nicht zugewiesen ist. Gekennzeichnet sind diese Zuweisungsaufgaben mit *select signoff team*.

 In der Prozessansicht können weiterhin Attribute zu den Prozessschritten festgelegt werden. Dies betrifft sowohl die Fälligkeit (Angabe von Datum und Uhrzeit möglich), als auch eine Zugriffsrechteliste (ZRL für Administratoren; vgl. Kapitel 9.6) oder die Empfänger des Prozesses.

6.3.3 Übergabe eines Prozesses

⇨ Anmelden als Prüfer (hier Senior Engineer)

⇨ *Aktive Aufgaben* ⇨ Aufgabe (*perform-signoffs*) ⇨ *Aufgabenansicht*

⇨ Eine genaue Untersuchung der Objekte im Ordner Ziele mit PSE, 2D/3D-Viewer oder CAD-System obliegt nun dem Prüfer.

⇨ Spalte *Entscheidung*

⇨ Link [*No Decision*] anklicken

⇨ Dialog erscheint

⇨ *Genehmigen* und *Kommentare* für diese Aufgabe eingeben

⇨ *OK*

Der Workflow wird hiermit abgeschlossen. Die Aufgabe wird aus dem Ordner Auszuführende Aufgaben entfernt. Der Status der betreffenden Objekte ist nun Freigegeben (60).

6.4 Verwaltung von Entwicklungsaufträgen

Ein Auftrag (engl. engineering order, übersetzt etwa Entwicklungsauftrag oder Konstruktionsauftrag) ist eine Möglichkeit, (Entwicklungs-) Prozesse zu erstellen, zu verwalten und zu verfolgen. Im nachfolgenden Kapitel wird exemplarisch ein solcher Auftrag detailliert abgehandelt, um die Gesamtheit der Funktionen von Prozessen und Aufgaben in TCX zu veranschaulichen.

Der Beispielauftrag sieht die Entwicklung einer Kippvorrichtung für die Ladefläche des Unimogs vor. Dies ist ein komplexerer Auftrag, einfache Aufträge wie das Ändern von Bohrmustern oder Verbindungselementen bezogen auf eine vorhandene Konstruktion bedürfen jedoch genauso der Abstimmung zwischen verschiedenen Benutzern.

6.4.1 Entwicklungsauftrag erstellen

⇨ Anmelden als Benutzer der Express-Organisation

⇨ Ordner für den neuen Entwicklungsauftrag wählen

⇨ *Datei* ⇨ *Neu*

⇨ *Teil*

⇨ Im Dialog *Neues Teil*

⇨ *Eng_Order*

⇨ *Weiter*

⇨ Namen eingeben oder
Zuweisen

⇨ Daten eingeben

⇨ *Beenden*

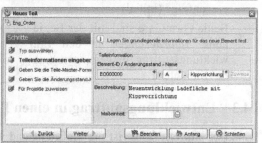

6.4.2 Entwicklungsauftrag vervollständigen

Den Entwicklungsauftrag und die darunterliegende Revision expandieren. Unter der Revision sind Pseudo-Ordner (vgl. Kapitel 7.1.3) angelegt, in denen zum Entwicklungsauftrag gehörend Daten aus anderen Ordnern mit Kopieren & Einfügen hinein referenziert werden können. Gemeint sind hier Daten, die zur Ausführung des Entwicklungsauftrages notwendig sind (CAD-Daten, Markups, Besprechungsprotokolle etc.).

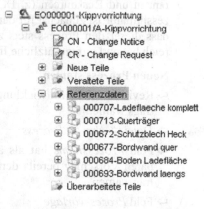

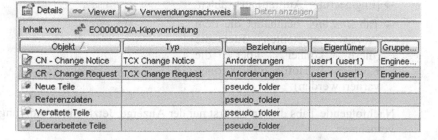

⇨ *CR* Formular doppelklicken und im Viewer-Fenster editieren

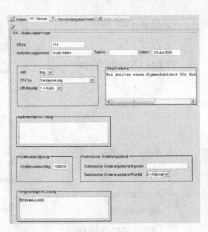

Enthalten sind folgende Formulare:

- *CN-* bezeichnet eine Änderungsnachricht (Feedback des späteren Prüfers)

- *CR* bezeichnet eine Änderungsanfrage (initial)

Beide Formulare sind mit der Beziehung *Anforderungen* in den Entwicklungsauftrag eingegangen (siehe Bild unten).

6.4.3   Entwicklungsauftrag in einen Prozess geben

Der Auftrag selbst ist nun definiert und vervollständigt. Der Auftrag wird einem Prozess (workflow) hinzugefügt. Für das Bearbeiten eines Prozesses müssen nun noch ein Referenzprozess (bzw. Vorlageprozess), ggf. Referenzen und Ressourcen (z. B. Mitarbeiter) hinzugefügt werden. Der Prozessinitiator ist zunächst für den Prozess verantwortlich. Das bedeutet auch, dass dieser den Prozess stets zur Nachverfolgung in seinem Aufgabenbereich hat und ggf. zusätzliche Informationen beisteuern muss.

Neuen Prozess starten

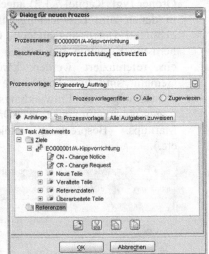

⇨ Revision des Entwicklungsauftrags wählen

 ⇨ *Datei* ⇨ *Neu* ⇨ *Prozess*

⇨ Feld *Prozessname* hat als änderbaren Vorschlag bereits den Auftragsnamen

⇨ Feld *Prozessvorlage*

⇨ [Engineerung_Auftrag] auswählen

⇨ Tab *Anhänge* beinhaltet die dem Prozess zugeteilten Elemente (diese können über die Kopieren & Einfügen Funktionen variiert werden)

Nachfolgende Tabs dienen vorerst nur der Anzeige. Jetzt keine Änderungen vornehmen.

⇨ Tab *Prozessvorlage* zeigt Aufgaben, die der gewählte Prozess umfasst.

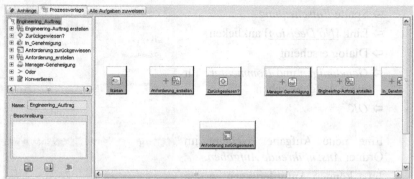

⇨ *Dialog für neuen Prozess* ⇨ *OK*

 Im Explorerfenster erhält die Revision des Entwicklungsauftrags ein Prozesssymbol.

 ⇨ *Aktive Aufgaben* öffnen

Im Eingang liegen nun die *Auszuführenden Aufgaben* bereit. Die Aufgabenfolge wird durch den zugewiesenen Prozess bestimmt. Begonnen wird mit dem Erstellen des Engineering-Auftrags (*perform-signoffs*).

Diesen wählen und die Details im *Workflow Viewer* betrachten.

⇨ RMT ⇨ Auftrag *Versenden an*

⇨ *Workflow Viewer* oder

⇨ Tab *Viewer*

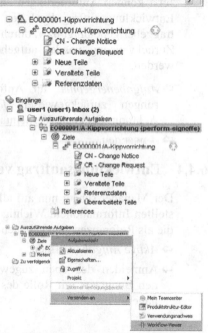

Im Viewer-Fenster Modus *Aufgabenansicht* sind alle Entscheidungen zu aktiven Aufgaben tabellarisch aufgelistet.

⇨ Spalte *Entscheidung*

⇨ Link [*No Decision*] anklicken

⇨ Dialog erscheint

⇨ *Genehmigen* und *Kommentare* für
diese Aufgabe geben

⇨ *OK*

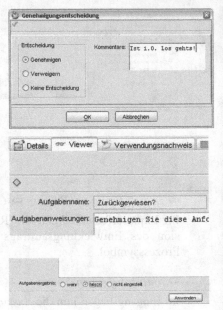

Eine neue Aufgabe erscheint im
Ordner *Auszuführende Aufgaben.*

Jetzt können Anforderungen an den
Entwicklungsauftrag durch den Auf-
traggeber genehmigt bzw. durch eine
Zurückweisung wieder aufgehoben
werden.

⇨ *Aufgabenergebnis:* für Anforderungen zurückgewiesen *falsch*
Achtung: Doppelte Verneinung

⇨ *Anwenden*

6.4.4   Entwicklungsauftrag verwerfen / genehmigen

Der Manager schaut nun auf alle vom Auftragsinitiator zur Verfügung ge-
stellten Informationen. Wichtig sind hier die Formulare *CR* und *CN* sowie
die als Referenzen angegebenen Dokumente und Items.

⇨ *Aktive Aufgaben* öffnen

⇨ Anmelden des oben zugewiesenen Benutzers mit Rolle des Ma-
nagers

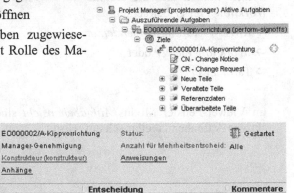

⇨ *Viewer*
⇨ *Verantwortliche Arbeitsgruppe*
⇨ *Link* [Benutzer wählen,
hier Konstrukteur]
⇨ *Aufgaben einblenden*
zeigt die momentanen Aufgaben des
gewählten Bearbeiters an, so dass
der Manager die derzeitige Belas-
tung abrufen kann.

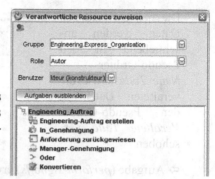

⇨ *Viewer* Spalte *Entscheidung* ⇨ Link [*NoDecision*]
⇨ *Genehmigungsentscheidung* ⇨ *Verweigern* und Kommentieren ⇨ *OK*

Der Workflow ist komplett und der
Entwicklungsauftragsstatus wird auf
90 (obsolet) gesetzt. Der Entwicklungsauftrag ist abgewiesen.

⇨ *Genehmigungsentscheidung*
⇨ *Genehmigen* und Kommentieren
⤷ *OK*
Sobald der Manager entschieden hat,
wird die Aufgabe aus den *Auszuführenden Aufgaben* entfernt und zum
nächsten Verantwortlichen im Prozess weitergeleitet.

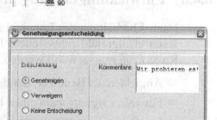

6.4.5 Entwicklungsauftrag abarbeiten

Das Abarbeiten des Auftrags erfolgt vom zugewiesenen Benutzer mit Auto-
renrechten. Dieser setzt die Änderungen bzw. Entwicklungen um und leitet
anschließend die Ergebnisse für die finale Genehmigung weiter. Der Prozessinitiator muss ggf. noch einen Benutzer in Autorenrolle über
(*select-signoff-teams* vgl. Kapitel 6.3.2) zuweisen.

⇨ Anmelden als Benutzer in Autorenrolle

⇨ *Aktive Aufgaben* öffnen

⇨ Aufgabe (*perform-signoffs*) öffnen und sämtliche Daten im Viewer oder
in den entsprechenden Anwendungen sichten (Anforderungen in den
Formularen, Referenzdaten, zusammengestellte Dokumente etc.)

⇨ Referenzierte Daten im CAD oder im PSE öffnen und die entsprechenden Änderungen vornehmen (dieser Schritt beschreibt die eigentliche
Arbeit am Produkt) sowie Speichern der Änderungen

Die neu entstandenen Daten werden anschließend in den Pseudo-Ordner *Neue Teile* sowie die veralteten Daten in den Pseudo-Ordner *Veraltete Teile* verschoben.

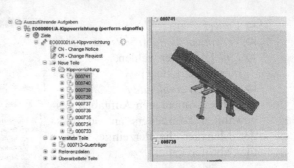

⇨ Aufgabe (*perform-signoffs*) erweitern

⇨ Viewer ⇨ Spalte *Entscheidung* ⇨ Link [*No Decision*] (also keine Entscheidung vorhanden) anklicken

⇨ *Genehmigen* und ggf. kommentieren ⇨ *OK*

6.4.6   Entwicklungsauftrag prüfen und freigeben

Nach Abarbeitung des Entwicklungsauftrags werden die Daten geprüft und, wenn erfolgreich, freigegeben. Dazu muss zunächst ein Benutzer mit der Rolle *Prüfer* ausgewählt werden.

⇨ Anmelden als Benutzer, der den Prozess initiiert hat

⇨ Für *select signoff-team* einen Benutzer in Prüferrolle wählen

⇨ Der Prozess wird an den Prüfer weitergeleitet

⇨ Anmelden als Prüfer

⇨ *Aktive Aufgaben* öffnen

⇨ Aufgabe (*perform signoffs*) öffnen und sämtliche Daten im Viewer oder in den entsprechenden Anwendungen sichten (Anforderungen in den Formularen, Referenzdaten, zusammengestellte Dokumente etc.).

⇨ Referenzierte Daten ggf. im PSE öffnen, Stücklistenvergleiche vornehmen, grafische Vergleiche im Viewer vornehmen etc. (dieser Schritt beschreibt die eigentliche Prüfung am Produkt)

⇨ *CN-Formular* mit Hinweisen und Kommentaren ausfüllen

⇨ Optional weitere Dokumente in den Referenzordner einstellen

⇨ Viewer ⇨ Spalte *Entscheidung* ⇨ Link [*No Decision*] anklicken

⇨ *Genehmigen* oder *Verweigern* und ggf. kommentieren ⇨ *OK*

⇨ Im Genehmigungsfall sind die Teile mit dem Status 60 (Freigegeben) versehen.

7 Funktionen für Fortgeschrittene

7.1 Anpassungen der Benutzungsoberfläche

Benutzer haben individuelle Aufgaben zu erfüllen, die verschiedene Werkzeuge, Informationen und Einstellungen erfordern. Benutzer und Administratoren können entsprechend ihrer Aufgaben die Anzeige in TCX anpassen. Einen kleinen Einblick hierzu geben folgende Unterkapitel.

7.1.1 Spalteneinstellungen

Die Spalteneinstellungen in der Anzeige *Details* können vom Benutzer annähernd beliebig verändert werden. In den Spalten werden die weiteren Eigenschaften und Objektattribute angezeigt. Aufgrund der großen Anzahl verschiedener Objekteigenschaften kann hier individuell angepasst werden.

⇨ RMT auf Spaltenüberschrift
⇨ Im Dialog *Tabellenfunktionsmenü*
⇨ *Spalte(n) hinzufügen*
⇨ *Teil* ⇨ *Weiter*
⇨ *Item* ⇨ *Weiter*

Verfügbare Item Eigenschaft auswählen ⇨ ✚ ⇨ *Beenden* ⇨ *Schließen*

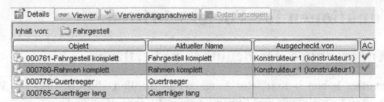

Objekt	Aktueller Name	Ausgecheckt von	AC
000761-Fahrgestell komplett	Fahrgestell komplett	Konstrukteur 1 (konstrukteur1)	✓
000780-Rahmen komplett	Rahmen komplett	Konstrukteur 1 (konstrukteur1)	✓
000776-Quertraeger	Quertraeger		
000765-Querträger lang	Querträger lang		

Die neu eingefügte Spalte zeigt an, von welchem Benutzer ein Element ausgecheckt wurde. Alle Attribute werden zur Laufzeit aus der SQL-Datenbank gezogen. Die gleichzeitige Darstellung vieler Eigenschaften kann daher den Aufruf der Detail-Ansicht verlangsamen. Eine Liste der verfügbaren Attribute mit deren Bedeutung für die Objekte ist im Download-Bereich abgebildet.

7.1.2 Sortieren

Die Sortierung von Einträgen im Datenfenster kann durch LMT auf die jeweilige Spalte erfolgen. Hierbei werden die Datensätze nach den Einträgen der entsprechenden Spalte auf- oder absteigend sortiert, erkennbar an der Pfeilorientierung im Spaltenkopf.

Objekt	Aktueller Name
000682-Achse	Achse
000698-Achse komplett	Achse komplett
000712-Anhängekuppl...	Anhängekupplung
000744-Aufbau	Aufbau
000701-Aufnahme ob...	Aufnahme oben Heck
000662-Aufnahme ob...	Aufnahme oben front

⇨ LMT + Halten auf den Spaltenrand ändert die Spaltenbreite.

⇨ LMT + Halten auf den Spaltentitel kann die Spaltenanordnung durch Verschieben ändern.

Im Explorerfenster kann eine manuelle Sortierung der Reihenfolge im Baum vorgenommen werden.

⇨ Markieren des zu verschiebenden Elements

▲ Nach oben
▼ Nach unten
⊼ Anfang
⊻ Ende

⇨ *Bearbeiten* ⇨ *Verschieben* ⇨ *Anfang / Ende / Oben / Unten*

7.1.3 Pseudo-Ordner

Pseudo-Ordner sammeln unterhalb von Items oder ItemRevisons u. a. nach den Beziehungen von Dokumenten und Objekten. Es wird mit einem Pseudo-Ordner eine Art Zwischenebene für das Sortieren vieler Dokumente eines Teils erreicht. Hier sind z. B. alle Dokumente der Beziehung *Spezifikation* in dem entsprechenden Pseudo-Ordner zusammengefasst. Standardmäßig sind diese nicht eingeschaltet.

⇨ Menü ⇨ *Bearbeiten* ⇨ *Optionen...*⇨ *Allgemein*

⇨ *Teil* oder *Elementänderungsstand* (je nach Bedarf unterschiedlich für Item und ItemRev. konfigurierbar) ⇨ Tab *Abhängiges Objekt*

Hier können die gewünschten Pseudo-Ordner in der Liste der *Angezeigten Beziehungen* über +/- aufgesammelt werden. Die Anzeige im Explorer muss u. U. nach dieser Einstellungs-änderung aktualisiert werden.

Zu den darstellbaren Beziehungen mit Pseudo-Ordnern gehören auch Beziehungen von CAD-Objekten. Dies gilt z. B.

für Interpart Links (SolidEdge), MML Links (CATIA V5) oder Wave Links (NX), um inhaltliche Zusammenhänge von CAD-Daten zu visualisieren.

7.1.4 Anzeigeeinstellungen

Die **Darstellungen** der Oberfläche sind den in XP verfügbaren Standard-themen nachempfunden, so dass der Benutzer seinen gewohnten Fenster-stil auch hier wiederfindet und dadurch das Einarbeiten erleichtert werden soll. Die vorkonfigurierten Themen der Anzeigeeinstellungen werden wie folgt geändert:

⇨ *Desktop* ⇨ *Aufbau* ⇨Thema wählen

Menü- und Iconleisten anpassen

⇨ RMT auf den Bereich, auf dem die Werkzeugleisten liegen

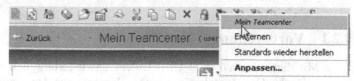

⇨ *Anpassen*

⇨ Auswählen der benötigten Funktionalitäten und Hinzufügen zu den aktuell vorhandenen Schaltflächen.

7.1.5 Anwendungen für Benutzer einbinden

Die zu Teamcenter zusätzlich anbindungsfähigen Anwendungen sind ebenfalls als Icon erreichbar.

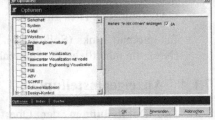

 ⇨ *Bearbeiten* ⇨ *Optionen* ⇨ *NX*

z. B. in *NX öffnen* oder in

 ⇨ *TC Vis öffnen*, sofern diese installiert sind.

7.2 Löschen

Ein EDM/PDM-System ist grundsätzlich für die Datenverwaltung und auch für die Bereitstellung einer lückenlosen Entwicklungsdokumentation konzipiert und im Einsatz. Das Löschen von Daten kann demnach eigentlich nicht gewollt sein. Dennoch sind Einträge wie Falscheingaben oder Testobjekte sowie obsolete Daten, die etwa bei Umstrukturierungsprozessen übrig bleiben, löschbar. Für die Autoren dieser Daten kann ein Löschen durchaus vorgenommen werden. Sind diese Daten jedoch mit einem Status (Freigabe) belegt oder anderweitig referenziert können diese nur von privilegierten Benutzern gelöscht werden. In jedem Fall sollte ein Löschen von Daten in TCX nur mit Vorsicht und unter Einhaltung nachfolgender Hinweise vorgenommen werden.

7.2.1 Vorbereitung

Mit dem *Löschen* wird ein Element unwiederbringlich aus der Datenbank gelöscht. Das *Ausschneiden* eines Elements aus der persönlichen Ablage ist hingegen <u>kein</u> Löschen, denn hier wird nur die Referenz auf das Element aus dem Arbeitsbereich des Benutzers entfernt. Das Teil ist dann zwar nicht mehr sichtbar, befindet sich jedoch weiterhin in der Datenbank.

In TCX sind folgende Bedingungen für das Löschen entscheidend:

1. Hat der Benutzer die Berechtigung zum Löschen?

2. Ist das Teil irgendwo anders verbaut, z. B. in einer Baugruppe?

3. Ist das Teil irgendwo anders referenziert, z. B. im Arbeitsbereich eines anderen Benutzers?

Für ein erfolgreiches Löschen dürfen keine weiteren Referenzen im System vorhanden sein (ein Administrator hat darüber hinaus gehende Möglichkeiten, Referenzen zu finden und zu entfernen). Im Tab *Verwendungsnachweis* werden sowohl die Verwendung als auch weitere Referenzierungen geprüft.

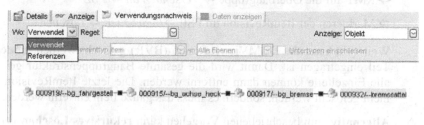

 Das zu löschende Element darf nicht in einer Baugruppe verwendet, und nur an einer Stelle referenziert sein.

7.2.2 Löschvorgang

 ⇨ Markieren des Elements

⇨ Icon *Löschen* oder

⇨ *Bearbeiten* ⇨ *Löschen* oder

⇨ Taste *Entfernen*

⇨ Rückfrage mit *Ja* bestätigen

 Fehlermeldungen werden als Hinweise durch LMT auf das rote Kreuz im Dialog der Meldung näher beschrieben.

7.2.3 Baugruppen löschen

In Baugruppenstrukturen sind die ItemRevisions verbaut und nicht etwa die Dokumente selbst. Daher lassen sich die Dokumente von Teilen einer Baugruppe <u>ohne</u> Warnhinweis löschen. Beim nächsten Aufruf der Baugruppe wird dann festgestellt, dass die Baugruppe aufgrund eines fehlenden Teils unbrauchbar ist.

Beim Löschen von Teilen einer Baugruppe gibt es zwei wichtige Regeln (gilt für CAD-Teile):

1. Löschen von „oben nach unten", also zunächst die Oberbaugruppe, dann die Unterbaugruppe, dann erst die Einzelteile.

2. Innerhalb eines Items von „unten nach oben", also zuerst die Dokumente, dann die ItemRevision, am Ende das Item selbst.

Löschen einer verbauten Komponente

⇨ Markieren der zu löschenden ItemRevision ⇨ *Verwendungsnachweis*

⇨ RMT auf die Oberbaugruppe ⇨ *Versenden an* ⇨ *PSE*

⇨ Markieren der ItemRevision im PSE ⇨ *Bearbeiten* ⇨ *Löschen*

Weiterhin kann die BOMViewRevision (BVR) gelöscht werden, in der das Teil eingetragen ist. Damit wird die gesamte Baugruppenstruktur gelöscht, alle Einzelteile können dann entfernt werden. Die letzte ItemRevision kann nicht gelöscht werden, sondern es muss das ganze Item entfernt werden.

 Alternativ zum beschriebenen Vorgehen kann **rekursives Löschen** verwendet werden, um ein Element und seine Referenzen z. B. aus Baugruppen zu entfernen. Dies gilt jedoch <u>nicht</u> für CAD-Daten, da die CAD-Systeme häufig noch weitere Referenzen setzen, die durch nachfolgende Funktion nicht abgedeckt sind.

 Element und alle Unterordnungen darunter löschen im Dialog *Löschen* dient dem Rekursiven Löschen.

Rekursives Löschen bedeutet, dass alle referenzierten Daten im Dialog *Unterhalb löschen* angezeigt werden, die unterhalb des gewählten Objekts liegen. Es können nur Komponenten gelöscht werden, die folgende Bedingungen erfüllen:

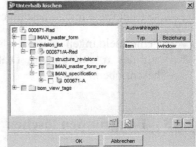

- ausschließlich in dieser BOMView oder den dazugehörigen BOMView-Revisionen verbaut,
- keine Referenzierung außerhalb der Baugruppenstruktur,
- weder ausgecheckt oder andersweitig gesperrt.

7.3 Visualisierungen und Markup

Die Visualisierung bietet im RichClient und im ThinClient die integrierte Anzeige und die spezifische Anzeigemanipulation diverser 2D-Bildformate (bmp, jpg, cgm, tiff, pdf, etc.) und 3D-Geometrieformate (jt, vrml, stl, iges etc.). Das Modul *Express Visualization für RichClient* kann bei der Installation von TCX-RichClient angegeben werden und wir im Weiteren erläutert.

Die Anzeige wird aktiviert, indem das entsprechend zu visualisierende Objekt, z. B. ein Bild oder der 3D-Datentyp *DirectModel* (JT[5]) 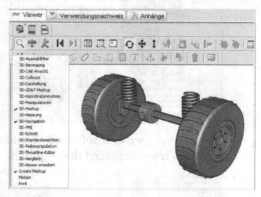 im Navigator-Fenster ausgewählt und auf Tab *Viewer* umgeschaltet wird. Bei der ersten Verwendung werden die Viewer-Komponenten einmalig initialisiert und stehen sofort für die gesamte TCX-Sitzung zur Verfügung.

Der Viewer selbst beinhaltet eine Reihe von Funktionalitäten, die über zuschaltbare Toolbars erreicht werden können. Diese werden über RMT auf einen Bereich der bereits eingeblendeten Toolbar angezeigt.

Eine sehr umfassende Erläuterung aller Befehle und Vorgehensweisen ist in der PSE Online-Hilfe unter *Visualizing Product Structure / Working with 3D Models* zu finden. Weiterführend kann der *2D/3D Viewing Guide* konsultiert werden.

Die Verfügbarkeit der Toolbars ist von dem zu visualisierenden Objekt abhängig. So sind die Funktionalitäten für 3D-Visualisierungsobjekte wesentlich umfangreicher (siehe Bild) als für 2D-Objekte.

Einzelteil-Visualisierungen erfolgen in der Anwendung *Mein Teamcenter*.

Baugruppen-Visualisierungen sind im PSE möglich.

Die verfügbaren Werkzeuge sind für beide Fälle identisch. Dennoch sind einige Werkzeuge nur sinnvoll in der Baugruppen-Visualisierung anwendbar (vgl. Kapitel 7.3.7). Nachfolgend werden grundlegende Konzepte und einige ausgewählte Werkzeuge näher erläutert. Andere sind mit ein wenig Ausprobieren schnell intuitiv bedienbar.

---

[5] JT – Jupiter Tessellation - kompaktes, leicht anzuzeigendes und inhaltsreiches Datenformat, das auch Objekt- und Metadaten (z. B. Maße, Toleranzen und Markups) unterstützt.

7.3.1   Anzeige und Selektion

Visualisierungsdaten sind Dokumente bzw. Dateien von Dokumenten, die zu einzelnen Items und deren Revisionen abgelegt werden. Abhängigkeiten zu anderen Dokumenten sind durch die Baumstruktur im Explorer-Fenster zu erkennen. Unterschiedliche Selektionen im Explorer-Fenster *Mein Teamcenter* zeigen folgende Visualisierungsdaten im Viewer:

Item

Anzeige der *.jt Daten (Priorität 1) oder weiterer visualisierbarer Daten (*.cgm) der <u>letzten</u> Revision. Einzelteile weisen häufig solche Daten auf, Baugruppen je nach Voreinstellung, vgl. Kapitel 7.3.7.

Itemrevision

Anzeige hinterlegter *.jt (Priorität 1) oder *.cgm Daten.

Mehrfachselektion von Items

Anzeige der *.cgm (Priorität 1) oder der Dateivorschaubilder (NX, SE, …).

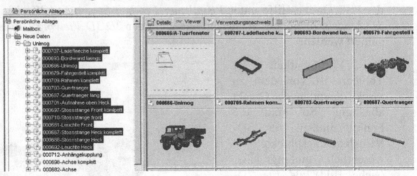

Dokumente – werden, sofern ein Werkzeug zum Typ definiert ist, mit diesem im Viewer angezeigt (hier *.pdf mit dem TCX-PDF-Tool).

7.3.2 2D-Anzeige

Die Anzeige und die Manipulation der Ansicht erfolgt über die Toolbar *2D anzeigen*. Die abgebildeten Funktionen sind selbsterläuternd.

Sind in einer CAD-Zeichnung mehrere Blätter enthalten, so können diese über den in der Baumstruktur enthaltenen Knoten *Blätter* erreicht werden (Doppelklick aktiviert das jeweilige Blatt, siehe Bild).

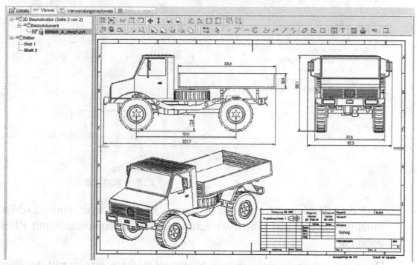

In der Struktur ist zum einen das Basisdokument dargestellt, zum anderen werden hier auch 2D-Markups und Layer zur Verwaltung von viewer-internen Informationen angezeigt.

7.3.3 2D-Markup

Markups (hier: Kennzeichnungen) sind textuelle oder graphische Elemente, die im Anzeige (Viewer) Fenster auf 2D- oder 3D-Ansichten von Objekten angetragen werden. Markups sind TCX-Objekte, die abhängig zu den An-zeigedaten abgelegt werden. Markups können als Grundlage zur Zusammenarbeit genutzt werden. Hier können Ideen, Vorschläge oder notwendige Änderungen von den Benutzern am Objekt dokumentiert und anschließend an die entsprechenden Bearbeiter weitergeleitet werden.

Die Visualisierungsdaten können mehrere Markups beinhalten. Markups werden auf Layern abgelegt und verwaltet. Layer sind Schichten bzw. Folien, die über eine Darstellung gelegt werden können und nach Bedarf ein- bzw. ausgeblendet werden. Zunächst werden die 2D-Markups betrachtet, in anschließenden Kapiteln auch 3D-Markups.

 Auf der 2D-Markup Toolbar wird die Funktion *Markup* aktiviert. Die Funktionen erzeugen entsprechende Objekte auf dem ersten aktiven Layer. Die Layer sind in der Baumstruktur neben dem Grafikbereich angezeigt.

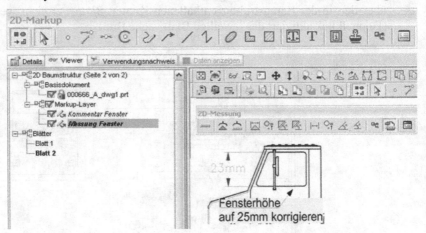

Auf dem Bild wurde auf einen neuen Markup-Layer eine 2D-Messung hinzugefügt und auf einem weiteren Layer ein Kommentar mit Pfeil aufgebracht.

 Die Auswahl und Selektion von Markup-Objekten erfolgt mit der Funktion *Auswahl*. Sind die Objekte markiert, so können diese mit Taste *Entf* gelöscht werden.

 Neue Layer können über die Funktion neuer Layer oder über RMT auf den Haupt-Markup-Layer Knoten *Add* angelegt werden. Die Layer werden über RMT auf *Markup-Layer* verwaltet. Der jeweilig selektierte Layer (fett) ist aktiv, das heißt neu erzeugte Objekte werden zunächst auf diesem abgelegt.

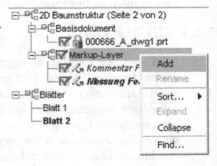

Die Markup-Funktionen umfassen
Objekte für das Kennzeichnen von
Bereichen, für das Kommentieren
und Verdeutlichen von Sachver-
halten als auch für das Einfügen von
Bildern (z. B. von Prototypen). Zu
einigen Objekten können Links zu
anderen Daten hinterlegt werden.

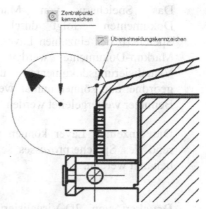

 Für den Abschluss von *Linien*- und *Pfeil*-Notationen wird der letzte Punkt
über einen <u>Doppelklick</u> bestätigt.

Über das Kontextmenü RMT auf ein
Objekt kann dieses manipuliert
werden. Es können nur Elemente des
aktiven Layers selektiert werden.

Objekt auf einen anderen Layer
verschieben erfolgt mit Ausschneiden und Einfügen in dem
jeweils aktiven Layer.

⇨ *Eigenschaften...*

Hier werden sowohl Textgrößen als
auch Farbgebung der selektierten
Markup-Objekte definiert.

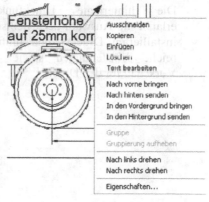

Die *Voreinstellungen* beinhalten sämtliche Objekteigenschaftseinstellun-
gen, mit denen die Objekte initial erzeugt werden.

Gruppieren von Markups

⇨ Selektion der Markups ⇨ RMT

⇨ *Gruppe / Gruppe aufheben*

Das Speichern von Markup-Dokumenten erfolgt durch das Speichern der einzelnen Layer. Die Markup-Dokumente werden den Visualisierungsdokumenten untergeordnet und können nun an weitere Benutzer weitergeleitet werden.

Die einzelnen Layer können während des Speicherprozesses separat benannt werden.

Drucken von 2D-Visualisierungsdokumenten ist aus dem Viewer mit der Toolbar *Print* heraus möglich. Die hinterlegte Druckfunktion erlaubt die Auswahl der Clientseitig installierten Drucker und umfangreiche Einstellungen sowie eine Vorschau für den Druck.

7.3.4 3D-Anzeige und 3D-Voreinstellungen

Das **Manipulieren** der Ansicht ermöglicht die Toolbar *3D-Navigation* mit ähnlichen Funktionen, die auch ein CAD-System zur Ansichtmanipulation bietet.

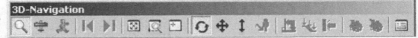

Die Kontextmenüs variieren leicht, wenn in einer Baugruppe statt in einem Einzelteil gearbeitet wird. Das Kontextmenü (erreichbar über RMT auf den Grafikbereich oder eine Komponente im Grafikbereich) bietet verschiedene Auswahl- und Einstellungsmöglichkeiten sowie den Zugriff auf die Eigenschaften des Objekts.

Kontextmenü bei Selektion   Kontextmenü ohne Selektion

Die **Voreinstellungen** für die Anzeige sind erreichbar unter

⇨ RMT im Grafikbereich Viewer

⇨ *Voreinstellungen*

Hier können die Darstellung von Hintergrund und Modell angepasst werden. Soll die Farbeinstellung für den Hintergrund erhalten bleiben, so muss der Haken *Als Vorgabe festlegen* gesetzt sein.

Die Einstellung der **Leistung** der Anzeige ist relevant für die Geschwindigkeit der Darstellung der zu visualisierenden Modelle. Im entsprechenden Dialog werden die Parameter für eine detaillierte Darstellung bis hin zu einer für große Baugruppen relevanten Leistung verändert.

7.3.5   3D-Schnittansichten

Schnittansichten im Viewer können für eine detaillierte Modellprüfung genutzt werden. Die Funktionen der Toolbar 3D-Schnitt erlauben ein beliebiges und mehrfaches Schneiden der Modelle. Dazu muss die Toolbar zunächst über nebenstehendes Symbol aktiviert werden. Es können beliebig viele Schnitte auf unterschiedliche Arten erzeugt werden.

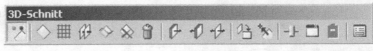

Schnitte werden erzeugt über

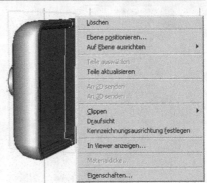

⇨ *Schnitt erstellen*

Der Schnitt wird anschließend über eine Dialog im Raum positioniert.

Über RMT auf die Schnittobjekte im Grafikbereich können weitere Funktionen zu den Schnitten und Einstellungen erreicht sowie erstellte Schnitte gelöscht werden.

Die Schnittgeometrie kann über ein separates Schnitt *In Viewer anzeigen* Fenster in 2D angezeigt werden. In diesem Fenster kann die Anzeige der Schnittgeometrie ebenfalls verschoben, gezoomt und gedreht werden.

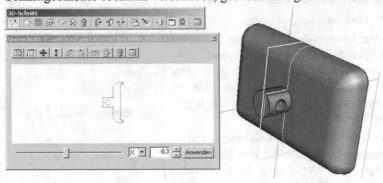

7.3.6 3D-Messung

Die Toolbar 3D-*Messung* bietet eine ganze Palette an verschiedenen Messwerkzeugen und ermöglicht direktes Messen[6] im DirectModel (JT) von Einzelteilen und Baugruppen.

---

[6] Exaktes Messen basiert auf der originalen CAD-Modellgeometrie, JT-Daten können nur ein ungefähres Maß wiedergeben.

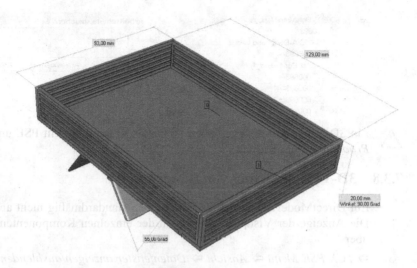

7.3.7 3D-Markup von Einzelteilen

Die Vorgehensweise beim 3D-Markup ist sehr ähnlich der beim 2D-Markup. Texte und andere Markup-Objekte können teileabhängig mit dem *Ankermodus* zugewiesen werden. Dadurch werden eine/mehrere Verbindungslinien zu selektiertem Bauteil/Geometrie erzeugt und permanent beibehalten.

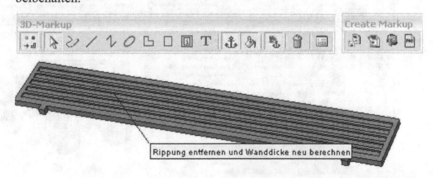

 Das Speichern eines 3D-Markups erfolgt über *3D-Layer speichern.*

Damit wird ein Markup-Dokument unterhalb des DirectModel (JT) angelegt und beinhaltet die entsprechend zu spezifizierenden Layer.

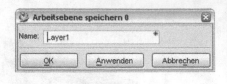

⚠ Ein 3D-Markup von Baugruppen ist nur in Verbindung mit PSE und einer *Produktansicht* möglich.

7.3.8 3D-Visualisierung von Baugruppen

Ein DirectModel (JT) wird für Baugruppen standardmäßig nicht angelegt[7]. Die Anzeige der Visualisierungsdaten der einzelnen Komponenten erfolgt über

 ⇨ *TCX PSE Menü* ⇨ *Ansicht* ⇨ *Datenfenster anzeigen/ausblenden* ⇨ Tab *Viewer* bzw. über das entsprechende Symbol in der PSE-Anwendung.

Wird eine BOMView im PSE geladen, wird ebenfalls die Struktur geladen, jedoch zunächst keine Geometrie der Einzelteile. Diese kann bei Bedarf stückweise hinzugeschaltet werden (dies ist vor allem sinnvoll für große Baugruppen mit vielen Teilen).

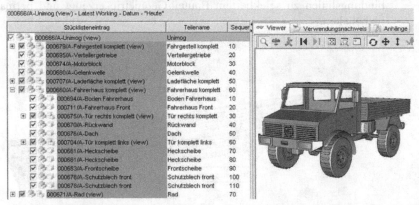

Durch Setzen der Haken vor den Komponenten im PSE-Baum können einzelne Komponenten ausgeblendet werden. Über LMT werden die Komponenten im Grafikbereich selektiert (Mehrfachselektion mit LMT+Strg).

---

[7] Visualisierungen von kompletten Baugruppen sind ohne Weiteres mit dem JT-Format in einer JT-Datei möglich. Diese kann im Viewer angezeigt werden. Dennoch werden standardmäßig in TCX CAD-Einzelteile mit JTs versehen und im PSE zu entsprechenden Baugruppen nach BOMView-Struktur angezeigt.

Eine **3D-Teilemanipulation** ermöglicht die Veränderung der Position der einzelnen Komponenten, um somit einen umfangreicheren Einblick auch in komplexe Baugruppen zu erhalten.

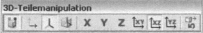

Über die Funktionen können einzelne Freiheitsgrade in den Raumebenen ein- und ausgeschaltet werden.

Eine Mehrfachselektion für Verschiebeoperationen der Komponenten kann über das Selektieren mit LMT + Strg Taste realisiert werden.

 Vorsicht, ohne Produktansicht kann eine solche Teilemanipulation nicht direkt gespeichert werden.

Vergleich von Baugruppen oder Komponenten erfolgt über die Visualisierung im PSE. Dazu kann eine bestehende Baugruppenstruktur genutzt oder eine neue für Zwecke des Vergleichs angelegt werden. Folgendes Beispiel vergleicht zwei Revisionen miteinander

⇨ Anwendung PSE

⇨ Neues Item mit BVR anlegen

⇨ Umschalten auf *Präzise*

⇨ *Bearbeiten*

⇨ *Hinzufügen*
  [Bordwand laengs/A - Rippen]
  [Bordwand laengs/B - Schale]

 ⇨ *Datenfenster anzeigen/ausblenden*

⇨ im Viewer Toolbar V*ergleich* an

⇨ *Teilegruppe 1 einstellen* [Rev. A] (Icon rot)

⇨ *Teilegruppe 2 einstellen* [Rev. B] (Icon grün)

⇨ *Vergleich* ⇨ separates Viewer-Fenster zeigt in 3Farb-Darstellung den Geometrievergleich

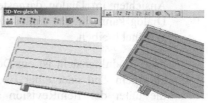

7.3.9   3D-Markup von Baugruppen

Produktansichten werden genutzt, um Markup-Informationen, Viewer-Einstellungen, Geometriedarstelllungen usw. für RichClient-Anwendungen wie PSE ablegen zu können.

Produktansicht anlegen

⇨ Baugruppe im PSE öffnen und Visualisierung anzeigen

⇨ Oberstes Baugruppenelement wählen

⇨ Toolbar *Create Markup - 3D Produktansicht erstellen*

Im Dialog

Eine neue Produktansicht erstellen und in diesem Dialog ablegen.

Es wird eine Produktansicht in dem Dialog hinzugefügt. Es können ebenso weitere Produktansichten zu dem gleichen Element erzeugt werden.

Über ein Kontextmenü (RMT auf den Dialog) können die Informationen zu den Produktansichten editiert werden. Bei wiederholtem Aufruf der Funktion *ProductView* werden die bestehenden Ansichten im Dialog dargestellt. Der Dialog kann für das weitere Arbeiten geöffnet bleiben.

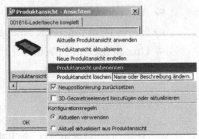

Eine Produktansicht ist ein Dokument zu einem Teil oder einer Baugruppe, die unter der ItemRevision angelegt wird und auch Baugruppenzusammenstellungen in der Anwendung *Mein Teamcenter* anzeigt.

Das Dokument beinhaltet ein Vorschaubild sowie Strukturdaten, 3D-Markup-Layer und den obersten Baugruppenknoten der Ansicht.

⇨ Produktansicht markieren

⇨ *RMT* ⇨ *Benannte Referenzen...*

Produktansicht aktualisieren

⇨ Im Viewer des PSE nun Markups, Messungen etc. hinzufügen.

⇨ Im *Produktansicht* Dialog die entsprechend zu aktualisierende Ansicht wählen und über nebenstehendes Symbol aktualisieren (dies kann einen Moment dauern).

⚠ Die zur Produktansicht gehörende Komponente muss im PSE-Baum gewählt sein.

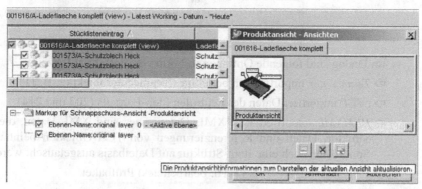

3D-Layer werden in dem Fenster unterhalb der PSE-Baumanzeige dargestellt. 3D-Layer können über RMT editiert und neu angelegt werden. Die neu erstellte Geometrie wird auf dem aktiven Layer abgelegt.

7.4 Datenaustausch

Die Funktionen des Datenaustauschs von TCX mit anderen Systemen ist nicht allein auf das Importieren und Exportieren von physikalischen Dateien beschränkt. Diese Daten können sehr gut über die Import und Exportfunktionen der jeweiligen Erzeugersystem-Integrationen abgedeckt werden, oder einfach beim Anlegen neuer Teile und Dokumente in TCX importiert werden (vgl. Kapitel 4.4). Viel interessanter ist es, den Datenaustausch zu Verwaltungsinformationen im folgenden Kapitel zu betrachten.

7.4.1 Import / Export von PDM Objekten

Das Importieren von Daten erfolgt durch Auswahl eines Container-Objekts im Explorer-Fenster, in das importiert werden soll.

⇨ *Mein Teamcenter* Menü ⇨ *Werkzeuge* ⇨ *Importieren* ⇨ *Objekte...*

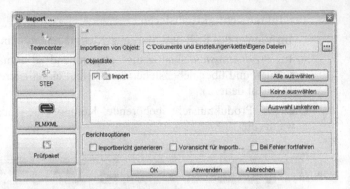

Im Dialog sind folgende Optionen in Form von Buttons aufgezeigt:

⇨ *Teamcenter* importiert ein beliebiges Teamcenterobjekt (z. B. JT)

⇨ *STEP* importiert Daten des neutralen Step-Formats (203 und 214)

⇨ *PLMXML* importiert PLMXML Daten. Dies sind XML-Daten, die die Struktur, Daten und Referenzierungen von TCX-Objekten beinhalten. Somit kann auch eine Item-Struktur auf Dateibasis ausgetauscht werden.

⇨ *Prüfpaket* importiert ein (evtl. bearbeitetes) Prüfpaket.

 Nach *Objekt aus System wählen* und den Optionen für das Generieren von Berichten, wird OK oder Anwenden die Daten importieren.

Export von Teamcenterobjekten erfolgt durch Wahl des zu exportierenden Objekts. Für bestimmte Optionen sind weitere Einstellungen für eine strukturierte Ausgabe der Daten erforderlich. Das weitere Vorgehen entspricht dem aus dem Import-Dialog.

⇨ *Mein Teamcenter* Menü ⇨ *Werkzeuge* ⇨ *Exportieren* ⇨ *Objekte...*

⇨ *PLMXML* ⇨ *Transfermodusname* bestimmt die Art der Informationen

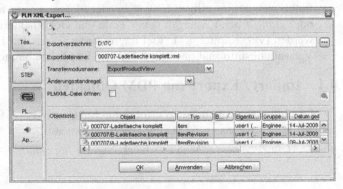

Ein Exportieren in einen weiteren Standort erfolgt mit

⇨ *Mein Teamcenter* Menü ⇨ *Werkzeuge* ⇨ *Exportieren* ⇨ *Entfernt*

7.4.2 Prüfpakete

Ein Prüfpaket (engl. review package) wird zusammengestellt, um Daten, Strukturen und Anweisungen gebündelt an andere Benutzer zu versenden. Grundsätzlich liegt die Anwendung weniger im „internen" Bereich als in der Kommunikation mit Zulieferern und Kunden (design review). Prüfpakete bleiben im System, um zu dokumentieren, welche Informationen zu einem bestimmten Zeitpunkt weitergegeben bzw. rückgeführt wurden.

⇨ Ordner wählen in dem das Paket erstellt wird

⇨ *Datei* ⇨ *Neu*

⇨ *Teil*

⇨ Im Dialog *Neues Teil*

⇨ *Review_Pckg*

⇨ *Weiter*

⇨ Namen eingeben oder *Zuweisen*

⇨ *Weitere Daten*

⇨ *Beenden*

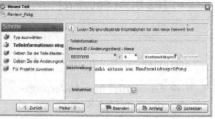

⇨ ItemRevisionen der gewünschten Teile kopieren (Zwischenablage) und in die Item-Revision des aktiven Prüfpakets einfügen

⇨ Prüfpaket selektieren

⇨ *Werkzeuge* ⇨ *Exportieren…* ⇨

⇨ Ort und weitere Optionen im Exportdialog angeben.

⇨ *OK*

Das Ergebnis des Exports sind Dateien im *.zip (allgemein) oder *.pcf (nur TCX, SE und NX) Format. Der Inhalt dieser exportieren Dateien sind Dokumente der Revisionen des Prüfpakets die in den Voreinstellungen definiert sind.

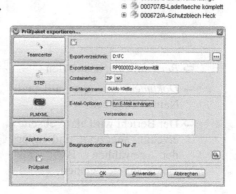

Diese Voreinstellungen sind im Dialog (Schalter rechts unten) erreichbar.

Import erfolgt mit ⇨ *Werkzeuge* ⇨ *Importieren…* ⇨ *Objekte* ⇨ *Prüfpaket*

7.5　Berichte

Ein Bericht wird i. d. R. als Webseite ausgegeben. Dazu kann in der Anwendung *Mein Teamcenter* aus verschiedenen Bericht-Designs (also Vorlagen für Berichte) ausgewählt werden. Die Bericht-Designs werden administrativ verwaltet.

 Eine Übersicht zu vorhandenen wählbaren Bericht-Designs ist in der Online-Hilfe sowie im Download-Bereich herunterladbar.

⇨ *Mein Teamcenter* Menü

⇨ *Werkzeuge* ⇨ *Berichte...*

⇨ Dialog
　Berichtserstellungsassistent

⇨ *Bericht Design* wählen
　[PS BOM Structure]

⇨ *ElementID* und *Änderungs-stand* mit BVR eingeben

⇨ oder über *Erweitert...* die Suchfunktionen bzw. Zwischenablage nutzen

⇨ *Berichtformat* auswählen

⇨ *Dokument erzeugen* [an] und Namen eingeben

⇨ Der Bericht wird als Webseite erzeugt, angezeigt und unter der gewählten BVR als Dokument gespeichert.

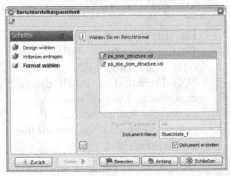

Öffnen des Berichts erfolgt über Doppelklick auf das Element im Baum.

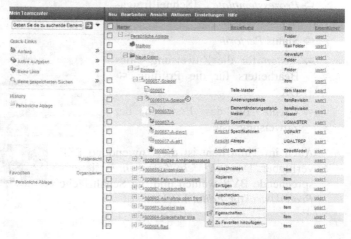

7.6 WebClient

Der WebClient oder auch ThinClient bietet den Zugriff auf Teamcenter Express über einen herkömmlichen Internetbrowser. Sämtliche Informationen können so über das Internet verfügbar gemacht werden, ohne dass eine RichClient-Installation clientseitig erfolgen muss. Während des Arbeitens kann parallel im ThinClient die Suche und der Abruf nach produktrelevanten Informationen, Status und eine eingeschränkte Bearbeitung der Teile und Dokumente erfolgen. Mögliche Anwendergruppen wären z. B. Benutzer aus der Fertigung, die TCX-Informationen sporadisch nutzen.

Voraussetzung für die Benutzung des ThinClients ist, dass serverseitig die Dienste für den WebServerBetrieb installiert und lauffähig sind sowie clientseitig die Sicherheitsbestimmungen für ActiveX-Anwendungen im Browser geregelt sind. Als URL wird die Adresse des TCX-Web-Servers plus der konfigurierte Port (8080) und die nachstehende Erweiterung angegeben: http://servername:8080/tc/webclient

Nach Aufruf dieser URL erscheint der Anmeldedialog und - nach erfolgreicher Anmeldung - die Weboberfläche des ThinClients. Von der Struktur her ist die Benutzungsoberfläche ähnlich dem RichClient aufgebaut.

Das **Menü** befindet sich oberhalb der Datenfenster und beinhaltet wesentliche Funktionen, die auch im RichClient anzutreffen sind.

Das **Navigieren** durch die benutzerspezifische Struktur erfolgt einfach durch Klicken auf das entsprechende Objekt. Die Struktur der Objekte kann durch „+" und „-„ erweitert oder reduziert werden.

Das **Selektieren** von Objekten erfolgt im ThinClient über die Haken, die jedem Objekt im Explorerfenster vorangestellt sind.

Die **Suche** nach Objekten erfolgt über die Eingabe in das Suchfeld und die Definition der Suche über den Pfeil (nach unten). Sämtliche definierte Suchoptionen sind unter *Advanced* wiederzufinden.

Die Anzeige der Suchergebnisse erfolgt direkt im Browserfenster (ohne Tabs). Durch Klick auf den entsprechenden Eintrag in den Suchergebnissen kann dieses näher betrachtet werden.

Eine **Prozesszuweisung** erfolgt durch Wählen des Hakens vor dem Namen des Elements und anschließend

➪ Menü ➪ *Bearbeiten*

➪ *Prozesszuweisungslisten*

➪ *Erstellen/Bearbeiten*

➪ *Name* und *Beschreibung* eingeben

➪ *Prozesstemplate* [Schnellfreigabe] auswählen

➪ Status *Perform*

➪ *Assign* für die Zuweisung eines Bearbeiters für die Prüfung ➪ *OK*

➪ *Create* für das Erstellen der Zuweisungsliste

Auch im ThinClient ist die Anwendung PSE verfügbar. Dazu in *Mein Teamcenter* die entsprechende BVR wählen und die Schaltfläche *Produktstruktur-Editor* klicken.

8 Integrationen von TCX

Die Integrationen[8] von Teamcenter in verschiedene Programme dienen der Kommunikation mit TCX für die Datenverwaltung. Eine Integration beinhaltet i. d. R. die Installation und Konfiguration eines Zusatzmoduls für das entsprechende Programm. Diese Module beinhalten einen kleineren, für den Datentransfer wesentlichen Teil der Funktionen des RichClients.

Die Integrationen für einige wesentliche CAD-Systeme und Office-Anwendungen werden im Folgenden behandelt, um verschiedene Vorgehensweisen kennen zu lernen. Dabei wird nicht näher auf die Basisfunktionen der CAD-Systeme eingegangen, sondern auf den Funktionsumfang der Integration und auf die Anbindung an TCX fokussiert.

Integrationen zu weiteren hier nicht näher betrachteten Programmen werden vom Softwarehersteller und von Partnern produktspezifisch entwickelt und vertrieben.

8.1 MultiCAD

Der MultiCAD Ansatz ergibt sich aus der Möglichkeit heraus, in TCX sämtliche Daten CAD System neutral strukturiert verwalten zu können. Hierzu gehören auch standardisierte Visualisierungsdaten (hier JT), die aus verschiedenen CAD-Modellen unterschiedlicher Erzeugersysteme generiert werden. Über spezifische TCX-Integrationen werden die Erzeugersysteme (also die CAD-Daten erzeugenden Systeme) angebunden.

Die JT-Daten können nun genutzt werden, um eine Konstruktion in z. B. NX zu komplettieren und dabei auf die Visualisierungsdaten von Baugruppen und Einzelteilen aus anderen Systemen zurückgreifen zu können, die zwar nicht parametrisch in NX erzeugt und verfügbar sind, dennoch eine realistische Bauraumdefinition in der Gesamtbaugruppe darstellen. Die JT-Daten können über die reine Anzeige hinaus auch für Kollisionsanalysen, Schnittdarstellungen, Annotationen und vieles mehr eingesetzt werden (vgl. Kapitel 7.3). Es kann also im Kontext der Visualisierungsdaten in einem beliebigen, unterstützen Erzeugersystem konstruiert werden. Erzeugt werden die JT-Daten im Kontext von TCX durch entsprechenden Translator-Programmen aus den CAD-Erzeugersystemen heraus (ggf. entsprechende Lizenz erforderlich).

---

[8] Die Integrationen wurden in früheren Versionen und werden teilweise heute noch als Teamcenter Manager für die entsprechenden Erzeugersysteme bezeichnet, so z. B.: UG/Manager, ProE/Manager oder CATIA V5/Manager. Auch wenn im Umgang mit diesen Integrationen häufig noch die frühere Bezeichnung fällt, so sind in diesem Buch die aktuellen Bezeichnungen der jeweilig verfügbaren Online-Hilfe entnommen.

8.2 Übersicht

 In TCX sind die *Datentypen* für Dokumente (nx.prt, se.par, *.pdf, etc.) mit *Werkzeugen* - also Programmen - (NX, SE, Acrobat, etc.) verknüpft.

 Bei Doppelklick auf ein Dokument im Teamcenter RichClient werden die Dokumente aus dem Rich-Client heraus in den jeweiligen als Werkzeug definierten Programmen mit den entsprechenden Integrationen gestartet (Bild zeigt ein Routing für NX), sofern diese administrativ registriert und installiert sind.

Im RichClient kann während des Routings weitergearbeitet werden. In den nachfolgend beschriebenen Kapiteln wird aufgrund des gleichen Startverhaltens aus dem RichClient heraus nur auf das Starten der jeweiligen Anwendungen mit Teamcenter Integration ohne RichClient eingegangen, sofern dies sinnvoll ist.

 Zu den beschriebenen Integrationen werden Installationsbeispiele und systemspezifische Beispieldaten im Online-Plus Download-Bereich angeboten.

8.3 Teamcenter-Integration für NX

Die Teamcenter-Integration für NX (hier NX5) ist aufgrund der Entwicklungsgeschichte von Teamcenter als Datenverwaltungssystem für NX sehr umfangreich in das CAx-System integriert. NX wird bereits mit der Integration ausgeliefert. Dieses Modul der NX-Installation bedarf lediglich einer Konfiguration für die entsprechenden Datenverzeichnisse und Kommunikationsstrukturen mittels Umgebungsvariablen durch den Aufruf über eine ugmanager.bat (vgl. Kapitel 9.1.2).

8.3.1 Anmelden

Das Anmelden kann automatisch geschehen (das heißt der Windows Benutzer-Account wird für die TCX-Anmeldung genutzt). Voraussetzung hier ist, dass beide Accounts vom Benutzernamen her identisch sind und dieses Verhalten in den TCX-Server Sicherheitseinstellungen konfiguriert ist.

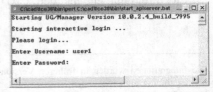 Andernfalls erscheint nach Start eine Eingabeaufforderung mit Benutzer- und Passwortabfrage, die für die Anmeldung notwendig sind. Bei dreimaliger Falscheingabe wird der Prozess automatisch abgebrochen.

8.3.2 Teamcenter-Navigator

Der Teamcenter-Navigator ist nach Aufruf von NX in der Ressourcenleiste erreichbar und zeigt die aktuelle Ordnerstruktur des Benutzers. Die Spalten des Navigators können über RMT auf die Spaltenüberschriften angepasst werden, so dass neben Teilenummer auch Name und weitere Attribute der Daten sichtbar sind. Zu den Item und ItemRevisionen werden standardmäßig nur in NX darstellbare Dokumente angezeigt.

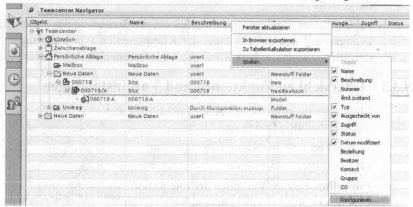

Dateioperationen sind hier nur sehr eingeschränkt möglich. So kann nur ein *Öffnen*, *Ausschneiden* (*Schnitt*), und *Kopieren* der Teile sowie zusätzlich zu Ordnern ein *Einfügen*, *Umbenennen* und *Neuer Ordner* erfolgen. Ein *Aktualisieren* der Anzeige ist stets verfügbar.

Erreichbar sind diese kontextabhängigen Funktionen über RMT auf ein Objekt im Navigator.

Am Fuss des Navigators sind aufklappbare Menüleisten angebracht, auf denen zusätzliche Sortier und Verhaltensfunktionen verfügbar sind.

Filter durchsuchen steuert die Anzeige der Objekte im Navigator. Hier können unterschiedliche Optionen genutzt werden, um nur die letzte Revision der CAD-Dokumente oder den kompletten Teilestamm mit sämtlichen ItemRevisons und allen in NX zu öffnenden Dokumenten anzuschauen.

Typ filtert nach verschiedenen Datei-Inhalten (Baugruppe, Zeichnung etc.). Diese werden auch durch unterschiedliche Symboliken in den Items dargestellt.

Ladeoptionen für Baugruppe ermöglicht die Steuerung des Ladeverhaltens bezogen auf den Arbeitsstatus der Komponenten von Baugruppen. Über den Button kann der herkömmliche Ladeoptionen Dialog erreicht werden.

8.3.3 Übersicht zu Funktionen und Voreinstellungen

Sämtliche interaktiv erreichbare Funktionen zur TCX-Integration finden sich unter

⇨ NX-Menü ⇨ *Werkzeuge*

⇨ *Teamcenter-Integration*

Einstellungen zum Verhalten der Integration

⇨ NX-Menü ⇨ *Voreinstellungen*

⇨ *Teamcenter-Integration*

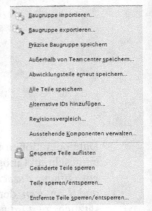

Darüber hinaus können diese Einstellungen administrativ auch in den Voreinstellungen angepasst werden.

⇨ NX-Menü ⇨ *Datei* ⇨ *Dienstprogramme* ⇨ *Anwenderstandards*

⇨ Kategorie Teamcenter Integration für NX

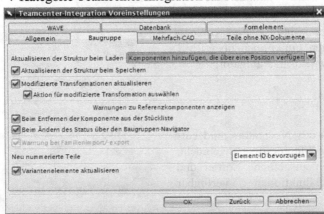

8.3.4 Teile erstellen und speichern

Das Anlegen eines neuen Items als Master-Teil ist im Dialog als *Beziehung* (master) ersichtlich.

⇨ NX-Menü ⇨ *Datei* ⇨ *Neu* ... auswählen

⇨ NX-Vorlage auswählen (Keine vorhanden? ⇨ siehe Kapitel 8.3.11)

⇨ *Nummer* (Item ID) und *Änd.zustand* (Revision) werden automatisch von TCX über den Button *Zuweisen* zugewiesen.

⇨ Im Bereich *Ordner* das Icon selektieren und im darauffolgenden Dialog entsprechenden TCX-Ordner auswählen, in dem das neue Teil angelegt werden soll. Wird kein Ordner spezifiziert, wird der Standardordner *Neue Daten* gewählt.

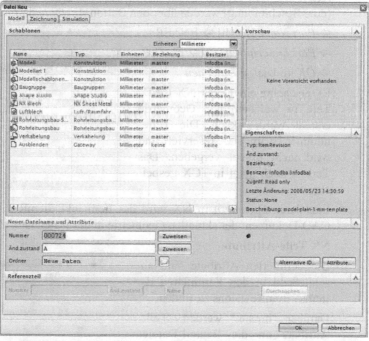

Zur Erstellung eines neuen Ordners das Ordner-Icon anwählen und im Popup-Fenster *Neuen Ordner erstellen* auswählen. Ordnernamen eingeben und mit ENTER bestätigen.

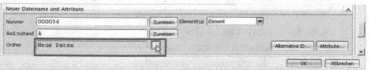

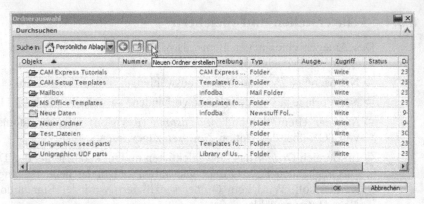

Attribute wie *Part Name* (ein sprechender Name) sowie *Part Description* (eine Beschreibung) werden über den Button *Attribute* definiert.

⇨ *Part Name* [Dach] ⇨ ENTER

⇨ *Part Description* […]⇨ ENTER

⇨ *OK* im Dialog *Datei neu*

Es erscheint ein leeres NX-CAD-Teil, in welchem nun Geometrie erstellt werden kann. Die Teilenummer ist im TCX reserviert und wird nicht erneut vergeben. Das Teil ist noch nicht in TCX gespeichert!

 Erst durch *Speichern* in NX wird das Item inkl. ItemRevision mit dem CAD-Dokument der aktuellen Geometrie in der Datenbank abgelegt.

NX Teile-Attribute

Die definierten Attribute sind anschließend in den Formularen der Items / ItemRevisions zu finden.

Darüber hinaus werden Teile-Attribute an die Bauteil-Dateien geschrieben. Diese sind z. B. über RMT im Baugruppennavigator auf das aktive Teil oder

⇨ *NX Menü* ⇨ *Datei* ⇨ *Eigenschaften* abrufbar. Die Teile-Attribute können später auch in anderen Kontexten verwendet werden.

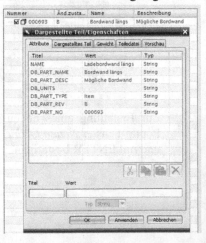

8.3.5 Teile suchen, öffnen und schließen

Im Teamcenter-Navigator steht eine einfache Suche unter der entsprechenden Schaltfläche zur Verfügung. Die Suchergebnisse werden als Baum im Fenster angezeigt. Gibt es viele Treffer, wird nur ein Teil der Suchergebnisse angezeigt. Mit RMT auf *Letzte Suche* werden weitere Treffer angezeigt.

Dokumente werden mit Doppelklick geöffnet.

Öffnen von Dokumenten erfolgt über einen Dialog, der die für den Teamcenter-Navigator beschriebenen Suchfunktionen leicht verschieden angeordnet beinhaltet.

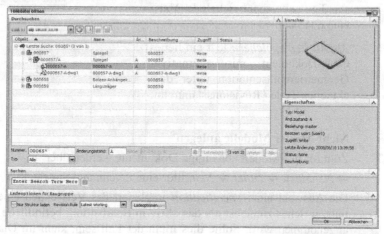

Schließen von Dokumenten erfolgt auf die in NX herkömmliche Vorgehensweise.

⇨ *NX-Menü* ⇨ *Datei* ⇨ *Schließen*
⇨ Option wählen z. B. ⇨ *Ausgewählte Teile*
⇨ Teil Auswählen ⇨*OK*

8.3.6 Teile revisionieren und Speichern unter...

Für das Verstehen der umfangreichen *Speichern unter...* Funktionen sollte zunächst das Kapitel 3.5 Master-Modell-Konzept gelesen werden.

Die **Revisionierung** von Master-Teilen erfolgt mit

⇨ *NX-Menü* ⇨ *Datei*

⇨ *Speichern unter...*

⇨ *Aktion* [Neuen Änderungsstand...]

⇨ *Änd.-zustand* wird automatisch auf die nächst höher verfügbare Revision gesetzt

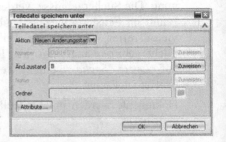

Der Dialog ermöglicht auch *Als neues Element speichern* unter einer neuen Teilenummer, z. B. als eigenständig weiterzuentwickelnde Variante oder Kopie.

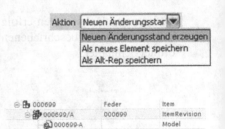

Als Alt-Rep speichern legt ein neues CAD-Dokument mit alternativer Geometrierepräsentation unter dem aktuellen Teile / Revisionsstamm an.

 Nicht-Master Modelle anlegen

Zum Master-Modell abhängige Dokumente werden über

⇨ *NX-Menü* ⇨ *Datei* ⇨ *Neu* (hier eine Zeichnung) angelegt.

Die Auswahl einer *specification* impliziert das Verwenden eines Referenzteils, welches zunächst als das aktiv in Bearbeitung befindliche Master-Teil angenommen wird. Sollte dies nicht der Fall sein, kann im Dialog-Bereich *Referenzteil* ein anderes in der Sitzung befindliches Teil über *Durchsuchen...* gewählt werden. Im Dateinamen wird der Typ über *dwg* codiert.

Beinhaltet eine ItemRevision neben dem Master-Modell auch abhängige Dateien (z. B. eine Zeichnungsdatei), so können beim Anlegen einer neuen ItemRevision auf Basis des Master-Modells diejenigen Dokumente ausgewählt werden, welche in die neue Revision übernommen werden sollen.

⇨ Master-Modell aktivieren ⇨ *NX-Menü* ⇨ *Datei* ⇨ *Speichern unter...*

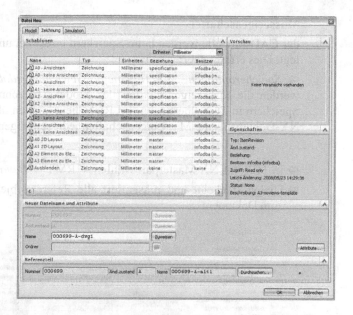

In dem Dialog kann gewählt werden, welche Nicht-Master-Modelle in die neue Item/Revision übertragen/kopiert werden sollen.

8.3.7 Speicheroptionen für abhängige Daten

Die Speicheroptionen in NX können individuell angepasst werden und definieren die Daten, die zusätzlich zum Modell in TCX zur Verfügung stehen. Die Einstellung erfolgt über den Dialog und gilt für die aktuelle Sitzung oder in den NX-Voreinstellungen. Nachfolgend sind nur einige TCX relevante Optionen erläutert.

⇨ NX Menü ⇨ *Datei* ⇨ *Optionen*

Masseeigenschaften

der CAD-Modelle werden beim Speichern errechnet und in TCX mit abgelegt. Dies erfolgt über:

⇨ *Speicheroptionen...* ⇨ *Allgemeine Gewichtungsdaten* bedeutet, in NX werden die Masseeigenschaften des Modells berechnet und sofort beim Speichern in TCX übertragen. Im RichClient können über die Auswahl des NX-Dokuments die Masseeigenschaften jederzeit abgerufen werden.

 ⇨ In TCX das NX Masterpart wählen ⇨ RMT ⇨ *Benannte Referenzen...*

⇨ Dialog erscheint und präsentiert alle Referenzobjekte und Datenlisten zum Dokument

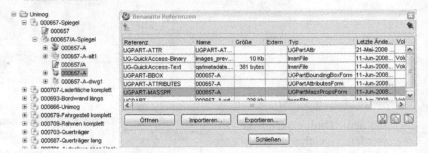

⇨ UGPART-MASSPR ⇨ *Öffnen* ⇨ Sicht auf die Masseeigenschaften

⇨ UGPART-ATTRIBUTES ⇨ *Öffnen* ⇨ Sicht auf die Part Attribute

Visualisierungsdaten JT

⇨ *Speicheroptionen...* ⇨ *JT-Daten speichern* legt in TCX assoziativ zum Einzelteil gehörig die JT-Daten an, die im TCX-JT-Viewer angezeigt werden können. Die Visualisierungsdaten werden als Dokument in der Revision abgelegt und sind dem UGMASTER ebenfalls untergeordnet.

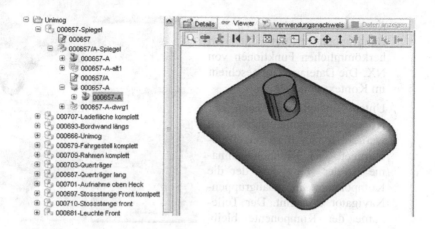

Zeichnungsdaten

⇨ *Speicheroptionen...* ⇨ *Zeichnungs-CGM Daten speichern* legt die im Dokument (hier die Spezifikation mit Zeichnung) als CGM-Objekt[9] in TCX an. CGMs können ebenfalls über den Viewer detailliert angeschaut werden.

Beinhaltet ein Zeichnungsdokument mehrere Blätter, so werden diese auch in dem Viewer in der Baumstruktur abgebildet.

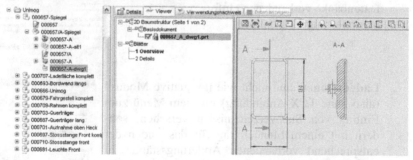

8.3.8 Arbeiten mit Baugruppen

Neue Baugruppendatei anlegen erfolgt nach der gleichen Vorgehensweise, wie das Anlegen von Einzelteilen, da NX hier keine Unterscheidung vornimmt. Im Teilenamen sollte jedoch ein Schlüssel verwendet werden, der dieses Dokument als Baugruppe ausweist (bspw. ASM oder BG).

TCX erkennt automatisch, dass es sich um eine Baugruppe handelt, sobald Master-Modell Komponenten in das Teil eingebracht werden.

---

[9] CGM – Computer Graphics Metafile – geräteunabhängiges, vektorbasiertes 2D-Grafikformat. CGM wird in verschiedenen Industrien als Standard-Format angesehen.

Komponenten hinzufügen zu Baugruppen erfolgt mit den herkömmlichen Funktionen von NX. Die Dateiauswahl geschieht im Kontext von TCX.

Unter Einstellungen kann der Komponentenname zugewiesen werden. Standard ist die Teilenummer. Der Komponentenname ist der Name, mit der die Komponente im Baugruppen-Navigator erscheint. Der Teilename der Komponente bleibt unverändert.

Die Spalten im Baugruppen-Navigator können über RMT auf die Spaltenüberschriften angepasst werden.

Hier können zu den Komponenten alle relevanten in der TCX-Datenbank vorhandenen Informationen angezeigt werden.

Ladeoptionen sind nicht wie im „native Modus" (also ohne TCX-Anbindung) mit dem Menü zum Eintrag von Suchverzeichnissen versehen, sondern mit einem Menüeintrag für das Laden der entsprechend vorhandenen Änderungsstände zu den Daten. Diese Ladeoption ist notwendig, da für jedes Bauteil mehrere CAD-Dokumente mit unterschiedlichen Bearbeitungsständen in verschiedenen Revisionen hinterlegt sein können.

Über den V-Button können mögliche hinterlegte Variantenkonfigurationen abgerufen werden.

8.3.9 Visualisierungsdaten speichern

Die Visualisierungsdaten werden aus den 3D-NX-Dateien bei jeder Speicheroperation neu erstellt. Hierfür wird ein Schnittstellen-Algorithmus verwendet, der die konvertierten Daten in Teamcenter gleich den korrekten ItemRevisions mit den entsprechenden Abhängigkeiten zuweist.

Interaktiv können die Visualisierungsdaten vieler in Baugruppen verbauten Einzelteilen wie folgt nachträglich angelegt werden.

NX-Menü ⇨ Werkzeuge ⇨ Teamcenter-Integration ⇨ Alle speichern...

Die Speicheroptionen müssen dazu natürlich korrekt zur JT-Daten-Erzeugung gesetzt sein. Der Vorgang kann ein wenig Zeit in Anspruch nehmen, da zu jedem Einzelteil die entsprechenden Visualisierungsdaten exportiert werden. Werden im RichClient diese Daten nicht zu den Revisionen angezeigt, muss die dortige Ansicht aktualisiert werden.

8.3.10 Importieren/Exportieren interaktiv

Von den verschiedenen Import/Export-Funktionen werden an dieser Stelle nur die interaktiv durchführbaren beschrieben.

Baugruppe importieren

⇨ *NX Menü ⇨ Werkzeuge*

⇨ *Teamcenter-Integration*

⇨ *Baugruppen importieren...*

Mit diesem Dialog wird der Import von Baugruppen/Einzelteilen vorbereitet.

⇨ *Haupt ⇨ Baugruppe hinzufügen*

⇨ [bg_unimog.prt] auf Betriebssystemebene wählen

Zu Informationsfenster berichten zeigt eine Zusammenfassung der Importdefinition an. Die vorangestellte Auswahl-Liste dient lediglich der Informationsausgabekonfiguration.

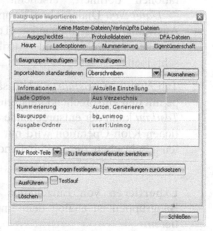

⇨ *Tab Nummerierung*

⇨ *Standard-Ausgabeordner* angeben

Standardname bezieht sich hier auf das Bauteilattribut NAME, welches in den Bauteilen zuvor definiert wurde. Somit ist es möglich, nicht den Datei-Namen oder nur die ID zu vergeben, sondern auch gleichzeitig den Items einen sprechenden Namen mitzugeben.

Import von Einzelteilen beinhaltet die gleiche Vorgehensweise, wie bei Baugruppen.

⇨ *Haupt* ⇨ *Teil hinzufügen*

⇨ Importkonfiguration vornehmen

⇨ *Ausführen*

Sind keine weiteren Importkonfigurationen definiert, erscheint der ⇨ *Datei Neu* Dialog ohne Template Auswahl. Anschließend Teilenummer. zuweisen und Attribute schreiben.

Tab *Haupt* ⇨ *Ausführen* klont sämtliche Daten der angegebenen Baugruppe mit den entsprechend getätigten Einstellungen ins Teamcenter. Für einen *Testlauf* kann der entsprechende Haken gesetzt werden und statt der eigentlichen Klon-Operation wird nur eine Text-Datei mit den Aktionsprotokollen geschrieben, die anschließend geprüft werden kann.

Exportieren von Einzelteilen und Baugruppen ist analog dem Importieren.

⇨ *NX Menü* ⇨ *Werkzeuge*

⇨ *Teamcenter-Integration*

⇨ *Baugruppen exportieren...*

⇨ Tab *Benennung* ⇨ *Standard-Ausgabeverzeichnis* definieren

⇨ *Namen exportieren (*Anwendernummer*)* erfordert die Angabe eines Namens für jede exportierte Datei (ungeeignet für große Baugruppen)

⇨ Tab *Ausgechecktes* ⇨ evtl. angeben, ob die exportierten Teile ausgecheckt werden sollen.

Die exportierten Bauteil-Dateien beinhalten die gleichen Teile-Attribute wie in Teamcenter definiert. Das bedeutet auch, dass beim wiederholten Import dieser Teile die Attribute bereits richtig gesetzt sind und dementsprechend für die Definition in TCX verwendet werden können.

Beim Export können bei unsauberer Systemkonfiguration Umlaute (ä, ö, …) in Attributnamen und Attributwerten fehlerhaft ausgegeben werden.

8.3.11 Konfiguration von Vorlagedateien

Für das Anlegen neuer Dateien stellt NX standardmäßig konfigurierte Vorlagen zur Verfügung, die „nativ" vorhanden sind (z. B. im NX-Installationspfad als *.prt). Mit der TCX-Integration werden diese Vorlagen in TCX verwaltet. Dazu müssen die Vorlagedateien in TCX durch einen Administrator importiert und angelegt werden.

Der Prozess des Anlegens ist eine Klon-Operation, wie sie bereits beim Import von Baugruppen zu sehen ist.

Dies geschieht über einen Aufruf der im NX-Installationspfad befindlichen ...\UGII\templates\sample\nx5_template_setup.bat aus der TCX-Command Shell (vgl. Kapitel 9) heraus mit den Argumenten eines Administrators.

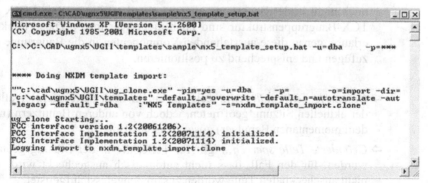

8.3.12 Weitere Funktionen der Teamcenter-Integration

In der TCX-Integration sind weitere Funktionen verfügbar, die nachfolgend kurz erläutert sind.

⇨ NX-Menü ⇨ *Werkzeuge* ⇨ *Teamcenter-Integration*

⇨ *Präzise Baugruppe speichern...* für die revisionsexakte Ablage der Baugruppe in TCX.

⇨ *Außerhalb von Teamcenter speichern...* beendet die Teamcenter-Integration von NX, behält die NX-Sitzung jedoch offen, und es kann übergangslos „nativ" weitergearbeitet werden.

 ⇨ *Abwicklungsteile erneut speichern...* (Übersetzung etwas verwirrend, engl. *Refile Pattern Parts*) gilt für NX-Dateien, die Muster (NX patterns) aus anderen Dateien beinhalten (z. B. Zeichnungsrahmen). Werden die Muster beim Laden oder Speichern nicht korrekt angezeigt, kann hiermit das Muster neu angefordert und geladen sowie die Muster enthaltende Datei erneut gespeichert werden.

⇨ *Alle Teile Speichern...* lädt alle Komponenten von Baugruppen vollständig (auch ungeladene), speichert alle Teile den Speicheroptionen entsprechend in die Datenbank und <u>synchronisiert</u> die Produktstruktur.

⇨ *Alternative IDs hinzufügen...* kann jederzeit erfolgen, wenn in Teamcenter ein ID-Kontext festgelegt ist, nach dem gearbeitet werden kann.

⇨ *Revisionsvergleich...* von zwei Revisionen. Dazu muss in den Anwenderstandards das gleichzeitige Arbeiten mit unterschiedlichen Revisionen eines Teils eingeschaltet werden.

⇨ *Ausstehende Komponenten verwalten...* wird genutzt, wenn im PSE neue Komponenten zu einer BOM hinzugefügt werden, diese jedoch noch nicht in der Baugruppe eingebaut und positioniert sind (NX und TCX-Baugruppenstruktur sind noch nicht synchron!). Diese Funktion erlaubt, genau diese ausstehenden Komponenten in die Baugruppe einzufügen und entsprechend zu positionieren.

⇨ *Gesperrte Teile auflisten...* zeigt in einem Informationsfenster alle in der aktuellen Sitzung geöffneten, jedoch von anderen Benutzern (nicht dem momentanen Benutzer) ausgecheckten Teile an.

⇨ *Geänderte Teile sperren...* gilt für Teile, die in der Sitzung geändert wurden, für den Fall, dass nicht automatisch ausgecheckt wird. Alle nicht auscheckbaren Teile werden zusammengefasst aufgelistet.

⇨ *Teile sperren / entsperren*... ermöglicht das Ein- und Auschecken sowie das Aktualisieren dieses Status von UGMASTER, non-master, BOM-View und BOMView-Revisionen.

⇨ *Entfernte Teile sperren /entsperren*...(engl. *Lock/Unlock Remote Parts*) ist für Teile relevant, die automatisch ausgecheckt sind, aber nicht mehr in den aktiven Teilen benötigt werden, um anderen das Weiterarbeiten zu ermöglichen.

Verwendungsnachweis für einzelne Teile ist besonders während des Konstruierens interessant, da hieran ersichtlich wird, wo das zu ändernde Teil noch verbaut ist. Mit nachfolgender Funktion ist dies direkt aus NX heraus ohne RichClient möglich. Der Nachweis wird in einer Baumstruktur abgebildet und berücksichtigt sowohl Revisionen als auch die darüberliegenden Baugruppen, in denen das Teil verwendet wird.

⇨ NX-Menü

⇨ *Baugruppen* ⇨ *Berichte*

⇨ *Verwendungsnachweis*

Die Position des Teiles in der entsprechenden Baugruppenstruktur kann angezeigt werden, indem der rote Haken in das Kästchen vor dem Änderungsstand der entsprechenden Baugruppe gesetzt wird. Ist diese Baugruppe nicht geladen, wird dies beim Setzen des Hakens erfolgen.

8.4 Teamcenter-Integration für Solid Edge

Die Verbindung zu dem CAD-System Solid Edge (hier V20) wird über die Schnittstelle Solid Edge Embedded Client (SEEC) realisiert. Nach dem Start des CAD-Systems kann entschieden werden, ob Solid Edge „nativ" (das heißt mit herkömmlicher betriebssystemeigener Datenverwaltung) oder mit der Teamcenter Datenverwaltung verwendet werden soll.

Diese Auswahl ist nicht verfügbar, wenn Dateien in Solid Edge geöffnet sind. Für die Verwendung von Teamcenter:

⇨ *SE-Menü* ⇨ *Anwendungen* ⇨ *Teamcenter*

8.4.1 Anmelden

⇨ Solid Edge aus dem Programm-Menü starten

⇨ *Erstellen, Öffnen* oder zunächst *Verwalten*

⇨ *Cache Assistent*

⇨ *Benutzer-ID* und *Kennwort* sind Pflichtfelder
(*). *Gruppe* und *Rolle* angeben (sonst Standardgruppe und -rolle des Benutzers)

⇨ *Anmelden*

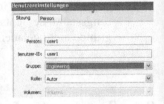

 Dieser Button löscht die bereits ausgefüllten Felder.

8.4.2 Benutzereinstellungen

Beim Start sollte überprüft werden, ob der Benutzer mit den richtigen Pro-
fileinstellungen arbeitet. Wenn der Benutzer nur einer Gruppe in Teamcenter
angehört und nur eine Rolle hat, kann dieser Schritt übersprungen werden.

⇨ *Verwalten* ⇨ *Cache-Assistent*

⇨ LMT *Person* [Benutzer] *–Gruppe / Rolle* [Servername]

⇨ *Gruppe* und *Rolle* wählen

Die Gruppen- und Rollen-Zugehörigkeit hat
Auswirkungen auf die Rechte auf die zu erstel-
lenden oder bereits vorhandenen Teile. Daher
sollte immer geprüft werden, mit welchem Be-
nutzerprofil Teile in der CAD-Anwendung konstruiert werden.

8.4.3 Verwaltung des lokalen Caches

Während des Arbeitens mit TCX wird ein lokaler Cache (Zwischenspeicher)
benutzt. Damit synchronisiert Solid Edge beim Öffnen von verwalteten Dateien automatisch die Dokumente in der Bibliothek mit den Dokumenten im
lokalen Cache. Mit der Registerkarte *Dateiablage* im Dialogfeld *Optionen*
 wird der Speicherort bestimmt. Ein lokales Laufwerk ist hierbei in der Regel
leistungsfähiger als ein Netzlaufwerk.

Cache zurücksetzen

 Der Cache <u>darf nicht</u> mit anderen Nutzern geteilt werden. Das ist besonders dann zu beachten, wenn auf einem Rechner ein Betriebssystem-Account von mehreren Personen benutzt wird. Der Cache muss in diesem Fall nach der Nutzeranmeldung zurückgesetzt werden.

⇨ *SE-Menü*

⇨ *Verwalten*

⇨ *Cache-Assistent*

⇨ *Alle löschen* ⇨ *OK*

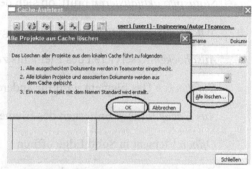

Der *Cache-Assistent* zeigt an, welche Daten zur Zeit im Cache vorhanden sind. In der Symbolleiste oben finden sich folgende Funktionen:

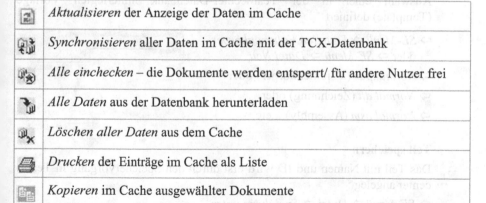	*Aktualisieren* der Anzeige der Daten im Cache
	Synchronisieren aller Daten im Cache mit der TCX-Datenbank
	Alle einchecken – die Dokumente werden entsperrt/ für andere Nutzer frei
	Alle Daten aus der Datenbank herunterladen
	Löschen aller Daten aus dem Cache
	Drucken der Einträge im Cache als Liste
	Kopieren im Cache ausgewählter Dokumente

Das Kontextmenü (RMT) auf ein Element im Cache ermöglicht darüber hinaus erweiterte Funktionalitäten:

Kopieren der angezeigten Information in den Zwischenspeicher
Spalten... passt die Anzeige der Spalten der Tabelle an

Schriftart... passt die Schriftart an

Suchen... ermöglicht die Textsuche im Cache

Sortieren mit den Optionen auf- oder absteigend

Statusinfo aktualisieren prüft, ob sich der angezeigte Status geändert hat

Synchronisieren Abgleich der Teile-Eigenschaften mit der TCX-Datenbank

Auschecken Reservieren des Elements zur exklusiven Nutzung

Einchecken Das Element wird für andere Nutzer zur Bearbeitung freigegeben

Aus Cache löschen Entfernen des Elements aus dem Cache

Öffnen Element in Solid Edge öffnen

Revisionen anzeigen zeigt die vorhandenen Revisionen eines Teils an und ermöglicht es, neue Revisionen zu erstellen

8.4.4   Teile erstellen und speichern

Für das **Anlegen** eines neuen Teils wird zunächst die Art der Datei durch die Auswahl einer in der Teamcenter-Datenbank hinterlegten Vorlage (Template) definiert.

⇨ *SE-Menü* ⇨ *Erstellen Volumenkörper*
    oder ⇨ *SE-Menü* ⇨ *Datei Neu*
⇨ *Normal.par* (Volumenkörper) oder
⇨ *Normal.dft* (Zeichnung) oder
⇨ *Normal.asm* (Assembly)....etc.

Teil speichern

Das Teil mit Namen und ID wird erst durch den Speichervorgang in Teamcenter angelegt:

⇨ *SE-Menü* ⇨ *Datei* ⇨ *Speichern unter...*

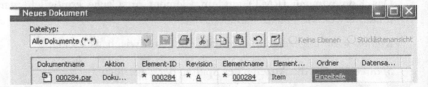

⇨ *Alle zuweisen* vergibt die Element-ID, den Änderungsstand und einen Element-namen mit Hilfe des Nummerngenerators in Teamcenter

⇨ Alle nicht grau hinterlegten Felder können ausgefüllt werden.

⇨ LMT auf Elementname und Eingabe eines beschreibenden Namens, um selber den Namen zu vergeben

⇨ LMT auf das Eingabefeld *Ordner,* um einen Ordner in der *Persönlichen Ablage* in Teamcenter zu wählen oder auch neu zu erstellen.

⇨ *OK*

Das Dokument wird nun in Teamcenter angelegt und im lokalen Cache ge-speichert. Erst nach dem Schließen wird es in Teamcenter hochgeladen. Das Anlegen einer neuen Datei in Solid Edge mit Teamcenter bewirkt, dass im Teamcenter die Modellablagestruktur automatisch erstellt wird.

Das heißt, es werden angelegt:

- Item
- ItemRevision
- das CAD-Modell
- weitere Dokumente (hier: MS Word)

Erzeugen von Varianten

Mit dem Befehl *Speichern unter…* wird aus einer bereits vorhandenen *ItemRevision* ein neues *Item* mit neuer ID und einem neuen ersten Änderungsstand erzeugt.

⇨ Eine ItemRevision in SE laden und überprüfen, ggf. verändern

⇨ *Datei* ⇨ Speichern unter… ⇨ *Assign all*

⇨ Name eintragen, Speicherort wählen ⇨ *OK*

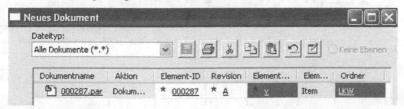

8.4.5   Teile revisionieren

Mit dem Befehl *Revisionen* können neue Änderungsständc eines Elementes
festgelegt werden. Dieser wird unter der gleichen Element-ID geordnet.

 ⇨ *SE-Menü* ⇨ *Datei* ⇨ *Revisionen* ⇨ *Neu* ⇨ *Alle zuweisen* ⇨ *OK*

Es erscheint ein Warnhinweis, dass die aktuellen Änderungen an der bisherigen
Revision verloren gehen, wenn diese unter einer neuen Revision abgespeichert
werden. Diese Änderungen werden im zweiten Schritt übertragen.

⇨ *Dokument übertragen* ⇨ *OK*

In einer Baugruppe kann eine Unterbaugruppe im *SE Assembly Pathfinder*
revisioniert werden. Die aktuelle Revision wird hier die vorherigen ersetzen.

⇨ RMT auf das Dokument

⇨ *Revisionen*

⇨ Das Dialogfenster *Revisio-*
   nen wird angezeigt

⇨ *Neu* ⇨ *Alle zuweisen*

⇨ Das   Dialogfenster   *Doku-*
   ment übertragen wird angezeigt

⇨ *OK*

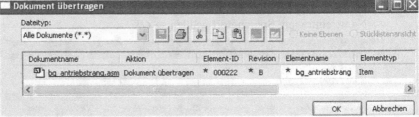

8.4.6 Öffnen und Schließen von Teilen

Für das **Öffnen** von vorhandenen Teilen aus SE heraus erscheint anstelle des normalen Solid Edge-Dateiauswahldialoges der Dialog *Datei öffnen* des SEEC. Der Zugriff auf Dateien auf Betriebssystemebene ist so nicht möglich.

 ⇨ *Datei* ⇨ *Öffnen*

Suchen in: In der *Persönlichen Ablage* nach dem Speicherort des gewünschten Dokumentes schauen, ggf. *Dateityp* auf *Alle Dokumente* stellen

LMT auf das Dokument ⇨ *Öffnen*

Revisionsregel: Baugruppen werden mit der Standard Laderegel geöffnet. Änderungsstandsregeln sind in TCX vordefiniert.

Stückliste zeigt die Stückliste der Baugruppe und kann den Download und Checkout der Unterbaugruppen und Einzelteile erzwingen

Schreibgeschützt öffnen öffnet das Dokument zum Ansehen

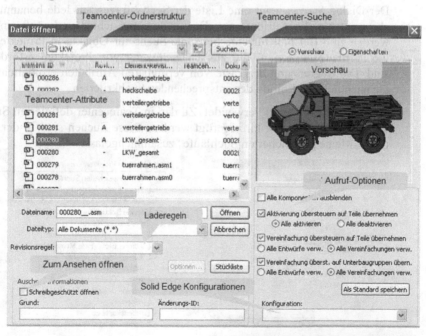

Dokumente schließen

⇨ *Datei* ⇨ *Schließen*

⇨ *Ja*, ggf. Eigenschaften im Eigenschaften Dialog eintragen oder ändern
Assign All ⇨ Name und Speicherort ändern ⇨ *OK*

8.4.7 Suche nach Dokumenten

 Die Suche nach Teilen im Teamcenter kann in SE entweder im Dialog *Datei öffnen* durch den Button
Suchen erfolgen oder per Klick auf
den Button mit dem Lupensymbol in
der Teamcenter-Teile-Bibliothek.

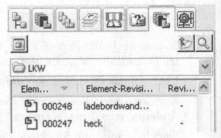

Wie im RichClient, so kann auch in der SE-Integration nach nahezu allen in
Teamcenter befindlichen Informationen gesucht werden.

Der Dialog *Suchen* zeigt eine Liste der Suchabfragen an. Jede benannte Suche zeigt nur die Attribute an, die mit diesem Suchtyp verknüpft sind. So
werden zum Beispiel für eine benannte Suche für Objekte in Projekten nur
die Attribute angezeigt, die zur Unterstützung von Projekten erforderlich
sind. Die Begrenzung der Liste von verfügbaren Attributen ermöglicht eine
übersichtliche Definition der entsprechenden Suchkriterien.

„*" wird als Wildcard verwendet. Zu den in Teamcenter definierten Suchen
können eigene Suchen hinzugefügt werden. Diese Suchen sind in der Liste
unter „Meine gespeicherten Suchläufe" zusammengefasst.

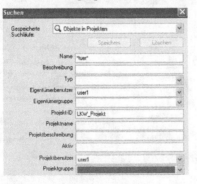 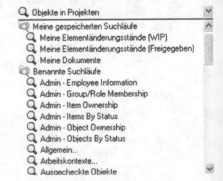

8.4.8 Importieren von Solid Edge-Teilen (Import Utilities)

Sollen aus Solid Edge Teile und Baugruppen in Teamcenter importiert
werden, so kann dies über die in Kapitel 7.1 beschriebenen Funktionalitäten
erfolgen oder über die im SEEC integrierten *Import Utilities*.

Addtoteamcenter

Die ausführbare Datei `Addtoteamcenter.exe` befindet sich im Solid Edge-Installationsordner (z. B. `C:\Programme\Solid Edge V20\Program`). Zunächst muss der Cache (siehe Kapitel 8.4.3) geleert werden:

⇨ Doppelklick auf *Addtoteamcenter.exe*

⇨ Das Programm stellt eine Verbindung zum Teamcenter-Server her

⇨ Mit den TCX-Zugangsdaten einloggen

⇨ Baugruppe (die alleinige Auswahl reicht) oder mehrere Teile markieren

⇨ *Hinzufügen*

⇨ Ordner in Teamcenter auswählen oder erstellen

⇨ *Testen* wählen

⇨ *SEStatus setzen auf* [Verfügbar]

⇨ *OK*

⇨ Log-File lesen, um festzustellen, ob Probleme auftreten

⇨ Haken bei *Status... auf „Eingecheckt"* [an]

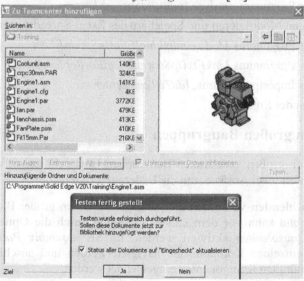

Import-Utilities bieten weitere Werkzeuge für die Aufbereitung der Daten zum Import (z. B. Entfernen doppelter Dateinamen, zu langer Namen oder Hinzufügen fehlender Attribute). Die Import-Utilities befinden sich bei SE V20 auf dem Installationsmedium und werden automatisch mit installiert. Die Utilities lassen sich direkt aus den Ordnern unter C:\Programme\Solid Edge V20\Custom\tc data prep utils ausführen.

 Die Import Utilities basieren auf Excel-Tabellen. Daher ist MS Office 2003 erforderlich.

 AnalyzeAndBuildSpreadsheet.exe

analysiert die zu importierenden Daten und erzeugt ein Excelblatt für die Modifikation. In diesem Excelblatt gibt es eine Reihe von Makros mit Prüf- und Korrekturfunktionen.

 LinkFixUpSearchExcelForReplacement.exe

korrigiert die fehlerhaften Links in den zu importierenden Daten. Es verwendet dazu das bereits von dem Analyze-Tool erzeugte Spreadsheet.

 ModifyIndividualFilesInSpreadsheet.exe

überarbeitet die CAD-Dateien mit den im Excelblatt eingestellten Vorgaben.

Ein Import-Vorgang könnte folgendermaßen ablaufen:

1. Laden der Baugruppe in SE, um die Struktur zu überprüfen.
2. Starten des Programm *AnalyzeAndBuildSpreadsheet*.
3. Editieren und Modifizieren und Speichern des Excel-Spreadsheets.
4. Starten des Programms *ModifyIndividualFilesInSpreadsheet*.
5. Starten des Programms *LinkFixUpSearchExcelForReplacement*.
6. Starten des Importprogramms *AddToTeamcenter.exe*.
7. Überprüfen der Ergebnisse.

8.4.9 Laden von großen Baugruppen

Das Öffnen von großen verwalteten Baugruppen kann sehr zeitaufwändig sein. Es gibt daher zwei Ansätze, um die Ladezeiten zu reduzieren:

1. Dateien ausblenden verhindert die Anzeige der Daten großer Baugrup-penstrukturen und kann vor dem Laden im Dialog durch die Option *Alle Komponenten ausblenden* aktiviert werden. Im SE *Assembly Pathfinder* kann zu den einzelnen Komponenten navigiert werden und anschließend können die benötigten Komponenten eingeblendet werden.

⇨ Solid Edge mit TCX starten

⇨ *Datei* ⇨ *Öffnen*

⇨ Baugruppe auswählen und

⇨ *Alle Komponenten ausblenden*

⇨ *Öffnen*
Der Assembly Pathfinder zeigt
die oberste Ebene an.

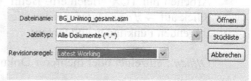

⇨ RMT auf eine Unterbaugruppe ⇨ *Erweitern*

Die nächste Ebene der Baumstruktur wird in den lokalen Cache geladen, um
diesen in der Struktur anzuzeigen. Um alle Komponenten einer (Unter-)
Baugruppe anzuzeigen, *Alle erweitern* auswählen.

Ist die Baugruppenstruktur erweitert, lassen sich nun die benötigten
Komponenten in der für den Nutzer besten Darstellungsweise anzeigen.

2. Dateien cachen

wird verwendet, wenn mit nahezu allen Teilen einer Baugruppe gearbeitet
werden muss. Hierfür wird der Cache zunächst mit der kompletten gewünschten Baugruppe befüllt.

⇨ Solid Edge starten

⇨ *Datei* ⇨ *Öffnen*

⇨ *Revisionsregel*
(Latest Working)

Der Cache wird nun für die aktuelle Solid Edge-Sitzung mit Teilen gefüllt.

Beim nächsten Laden kann
dann die Version aus dem
Cache genutzt werden.

Das Laden aus dem Cache sollte nur benutzt werden, wenn sichergestellt ist,
dass sich darin die aktuellen Daten befinden.

8.5   Pro/Engineer Manager

In diesem Kapitel wird die Verwendung von TCX im Zusammenspiel mit
ProEngineer Wildfire 3.0 vorgestellt. Nach erfolgreicher Installation des
ProE-Clients erscheinen in der ProE-Menüleiste zusätzliche Einträge *Teamcenter* und *UGS*. Letzterer ruft den ProE-JT-Translator auf, welcher den
Export von Daten in das neutrale JT-Format erlaubt (sofern die erforder-
lichen Lizenzen zu den Translatoren zur Verfügung stehen). Die Verbindung zu TCX wird über den ProE-Client hergestellt. Die einmalige Anmeldung erfolgt beim ersten Öffnen oder Speichern aus ProE im Manager-
Modus. Die folgenden Beschreibungen beziehen sich auf die Standard-Ein-
stellungen. Durch Anpassen der Datei *ipem.properties* kann das Verhalten
des ProE-Clients angepasst werden. Eine mögliche Vorgehensweise zur

Installation kann aus dem Online-Plus Download-Bereich heruntergeladen
werden. Ebenso stehen dort die verwendeten ProE-Daten zur Verfügung.

8.5.1   Übersicht zu Funktionen

Das Teamcenter-Menü in der Pro-
Engineer-Menüleiste   bietet   ver-
schiedene Funktionen, welche das
Arbeiten mit TCX erleichtern. Beim
Klick auf ⇨ *Teamcenter* werden die
folgenden Funktionen angeboten:

Öffnen...einzelner oder mehrerer Dokumente mit zeitgleichem Auschecken
Speichern des aktuellen Modells in TCX
Speichern unter...und das aktuelle Modell wird als neue Revision oder als Teilenummer gespeichert
Alle Checkouts speichern... und alle momentan ausgecheckten Modelle werden gespeichert
Alle speichern... alle in Sitzung befindlichen Modelle in TCX speichern (inkl. abhängige Modelle)
Verzeichnis aktualisieren / Checkouts aktualisieren / Alle aktualisieren / Baugruppe aus Stückliste aktualisieren sind Funktionen zur Aktualisierung der entsprechend genannten Objekte mit den Daten aus TCX
Checkout abbrechen... bedeutet soviel wie Einchecken von ausgecheckten Teilen, auch von denen, die gerade nicht in ProE geöffnet sind
Voreinstellungen... für aktuelle Sitzung und den angemeldeten Benutzer

8.5.2 Teile erstellen und speichern

Neben dem ProE-Menüeintrag *Teamcenter* bleiben die Standard-Datei-Verwaltungsfunktionen ⇨ *Datei* ⇨ *Laden* und ⇨ *Kopie Speichern* erhalten. Demnach können vorhandene, nicht in TCX gespeicherte Daten herkömmlich von Festplatte geladen und dann über das *Teamcenter* Menü in TCX gespeichert werden.

Neue Teile können auf dem in ProE herkömmlichen Weg erzeugt werden, oder aus TCX wird eine verwaltete Vorlagendatei geöffnet, die dann mit einer *Speichern unter...* Operation mit neuer ID umbenannt wird.

Speichern der Daten aus ProE in TCX:

⇨ ProE Menü ⇨ *Teamcenter* ⇨ *Speichern* wird für das einfache, <u>dialogfreie</u> Speichern der aktuellen Datei verwendet.

⇨ ProE Menü ⇨ *Teamcenter* ⇨ *Speichern unter...* wird für das Revisionicren oder Zuweisen neuer Teilenummern genutzt.

In den nachfolgenden Kapiteln werden die einzelnen Funktionen des *Speichern unter...* Dialogs näher betrachtet.

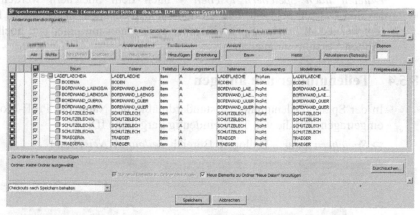

Neue oder geänderte Teile sind am Disketten-Symbol in der ersten Spalte zu erkennen. Durch Setzen der entsprechenden Haken werden die zu speichernden Teile ausgewählt. Beim Speichern einer Baugruppe werden automatisch alle die zugehörigen Unterbaugruppen bzw. Bauteile gespeichert, sofern diese neu sind bzw. geändert wurden.

Der **Speicherort** für neue Modelle ist standardmäßig der Ordner *Neue Daten*. Um einen anderen Ordner zu wählen bzw. einen neuen Ordner anzulegen auf den Button *Durchsuchen* klicken. Dort den gewünschten Ordner auswählen oder einen neuen Ordner anlegen.

8.5.3   Speicherverhalten und lokale Cache-Verwaltung

Für das Arbeiten mit durch TCX verwaltete Daten werden die ProE-Daten
aus TCX automatisch in ein lokales Verzeichnis exportiert. Dieses Verzeichnis kann als eine Art Zwischenspeicher (engl. cache) für die in der
Anwendung erzeugten oder geöffneten Daten gesehen werden.

Die Verwaltung der lokalen ProE-Dateien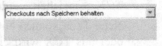
wird über das Drop-Down-Menü im unteren
Bereich mit folgenden Optionen möglich:

Checkouts nach Speichern behalten - nach dem Speichern werden die
Modelle erneut ausgecheckt.

Dateien nach Speichern behalten - nach dem Speichern bleiben die
lokalen Dateien erhalten. Die Modelle sind nicht mehr ausgecheckt.

Schreibgeschützte Kopien nach Speichern behalten - die lokalen Dateien
werden gegen schreibgeschützte Kopien ausgetauscht. Die Modelle sind
nicht mehr ausgecheckt.

Dateien nach Speichern löschen - nach dem Speichern werden die
lokalen Dateien gelöscht. Die Modelle sind nicht mehr ausgecheckt. ProE
legt bei jedem lokalen Speichern eine neue Datei mit einer neu hoch ge-
zählten Versionsnummer an.

8.5.4   Teilenummer neu anlegen

In der Spalte Teilenummer ist standardmäßig der Name des ProE-Modells
eingetragen. Für die von TCX eindeutig vergebene ID:

⇨ *Speichern unter...* Dialog ⇨ Bereich *Teilenr* ⇨ *Neu (New)*

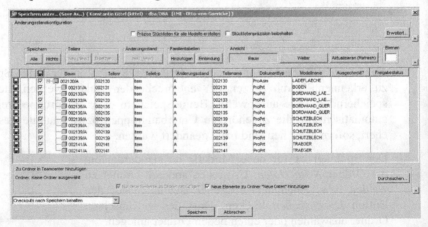

Zum Festlegen einer eigenen Teilenummer kann einfach das entsprechende Feld editiert werden. Werden alle Elemente der Baugruppe selektiert und der Button *Neu* gewählt, erscheint ein Dialog mit der Frage, ob die Bauteile auch umbenannt werden sollen. Wird diese Frage mit *Ja/Ja zu allen* beantwortet, wird auch der Modellname durch die Teilenummer ersetzt. Wird *Nein/Nein zu allen* gewählt, bleiben die Modellnamen unberührt.

8.5.5 Teile revisionieren

Um ein Modell unter einer neuen Revision speichern zu können, muss dieses nicht ausgecheckt sein (im Gegensatz zum *Speichern unter* der selben Revision). Im Speichern-Dialog kann die aktuelle Revision von Hand geändert werden, indem eine neue Revision in das Feld *Änderungsstand* eingetragen wird. ⇨ ProE Menü ⇨ *Teamcenter* ⇨ *Speichern unter...*

Sollen mehrere Teile unter der jeweils nächsten Revision gespeichert werden, kann dies auch automatisch erledigt werden.

⇨ *Speichern unter...* Dialog ⇨ Bereich *Änderungsstand* ⇨ *Neu (New)*

8.5.6 Teilenummer ersetzen

Teilenummern werden erweitert oder durch andere ersetzt über:

⇨ *Speichern unter...* Dialog ⇨ betreffende Teile selektieren

⇨ Bereich *Teilenr* ⇨ *Ersetzen* ⇨ *Element-ID ersetzen* Dialog erscheint

Suchen ersetzt in den selektierten Modellen die angegebene Zeichenkette mit der in *Ersetzen durch* angegebenen Zeichenkette.

Durch Aktivieren der Option *Neue Element-ID* wird von TCX automatisch ein Präfix, Suffix oder Ersatz vergeben.

Der Button *Voransicht* erstellt eine Vorschau der Änderung.

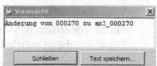

Werden die Änderungen bestätigt, erscheint ein Warnhinweis, wenn die original Teilenummer bereits in TCX vorhanden ist. Nun wird abgefragt, ob der originale Modellname entsprechend einer zugewiesenen Teilenummer geändert werden soll.

8.5.7 Stücklistenpräzision

Die Stücklistenpräzision wird über selbsterklärende Dialogeinträge angegeben, erweitert oder durch andere ersetzt (vgl. Kapitel 5.1.3):

⇨ *Speichern unter...* Dialog ⇨ Bereich *Änderungsstandkonfiguration*

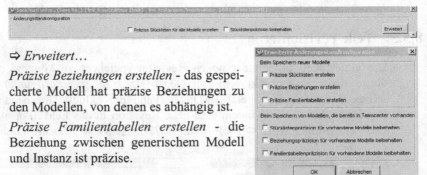

⇨ *Erweitert...*

Präzise Beziehungen erstellen - das gespeicherte Modell hat präzise Beziehungen zu den Modellen, von denen es abhängig ist.

Präzise Familientabellen erstellen - die Beziehung zwischen generischem Modell und Instanz ist präzise.

Beziehungsspräzision für vorhandene Modelle beibehalten - der präzise/ unpräzise Status von Beziehungen bereits vorhandener Modelle wird nicht verändert.

Familientabellenpräzision für vorhandene Familientabellen beibehalten - der präzise/unpräzise Status von Beziehungen bereits vorhandener Familientabelleninstanzen und dem generischen Modell werden nicht verändert.

8.5.8 Familientabellen

Der ProE-Client erlaubt es, die Instanzen von Familientabellen auf einfache Weise hinzuzufügen.

⇨ *Speichern unter...* Dialog ⇨ generisches Ausgangsmodell wählen

⇨ Bereich *Familientabelle* ⇨ *Hinzufügen*

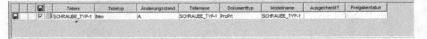

Wird kein Modell selektiert, werden für alle im *Speichern* Dialog vorhandenen generischen Modelle die Instanzen hinzugefügt. Alle Instanzen der Familientabelle werden im *Speichern unter...* Dialog hinzugefügt.

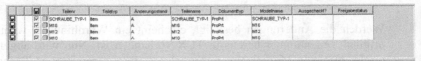

⇨ Bereich *Familientabelle* ⇨ *Einbindung*

dient dem Hinzufügen verschachtelter Familientabellen. Beinhaltet eine Instanz einer Familientabelle ebenfalls eine Familientabelle, so werden hierdurch auch die Instanzen der untergeordneten Familientabelle hinzugefügt. Alternativ kann auch für jede Instanz der obersten Familientabelle die Funktion *Hinzufügen* verwendet werden.

8.5.9 Teile öffnen und filtern

⇨ ProE Menü ⇨ *Teamcenter* ⇨ *Öffnen...*

Im nachfolgenden Beispiel soll das Bauteil [TRAEGER] aus dem Ordner *Neue Daten*] geöffnet werden.

Im Navigator-Fenster sind vor der Baumstruktur drei Spalten mit Check-Schaltern versehen dargestellt. Ihr Anschalten wird die Art des Öffnens der Datei wie folgt bestimmen:

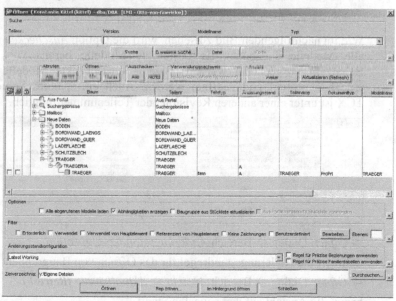

 Die Daten werden aus TCX in ein Zielverzeichnis exportiert, welches in der unteren Zeile des *Öffnen* Dialogs definiert ist.

 Die Daten werden in ProE geöffnet.

 Die Daten werden in TCX ausgecheckt.

Nebenstehend sind alle drei Checkboxen
aktiviert. Das Bauteil wird somit ins
Arbeitsverzeichnis kopiert, in ProE geöffnet und ausgecheckt.

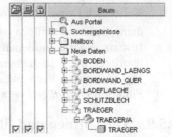

 Nur Modelle, die auscheckt wurden, können unter der selben Revision
wieder in TCX eingecheckt werden. Wird ein Teil ausgecheckt, so erscheint ein Checkout-Dialog, in dem ein Kommentar zum Checkout sowie
die Änderungsnummer angegeben werden können.

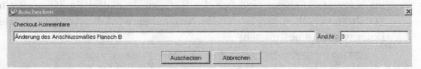

Wie im nachfolgenden Bild zu sehen, wird die Option *Auschecken* nicht für
alle Modelle angeboten, da bestimmte Modelle bereits von anderen
Benutzern ausgecheckt wurden. Bereits ausgecheckte Modelle können
jedoch exportiert und geöffnet werden. Auch ein späteres Speichern in
TCX ist unter einer anderen Revision oder Teilenummer möglich.

⇨ *Öffnen* Dialog ⇨ Bereich *Änderungsstandkonfiguration*
definiert die Änderungsstandregel für das Öffnen von Baugruppen.
⇨ *Öffnen* Dialog ⇨ Bereich *Ansicht* ⇨ *Aktualisieren (Refresh)*
bringt die Ansicht auf den neuesten Stand.

 Ein gleichzeitiges Exportieren von mehreren Modellen (ob nun mit oder
ohne Öffnen der Daten in ProE) ist ebenfalls möglich. Dabei können für
jedes Modell die Optionen separat gesetzt werden. Beim Öffnen einer
großen Anzahl von Modellen kann die Arbeit in ProE erst fortgesetzt
werden, nachdem alle zu öffnenden Teile exportiert sind. Um dies zu un-
terbinden, kann die Option *Im Hintergrund öffnen* gewählt werden.

Abhängige Teile öffnen

Wird eine Baugruppe oder ein Teil mit abhängigen ProE-Dokumenten geöffnet, erscheint der Dialog *Öffnen Abhängigkeiten* und listet die zusätzlich zu öffnenden Bauteile auf. Die abhängigen Modelle werden standardmäßig nur in den lokalen Ordner kopiert und <u>nicht</u> geöffnet.

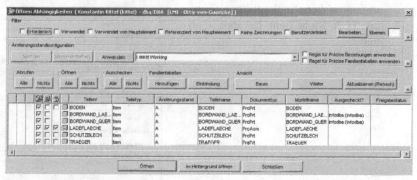

Filter grenzen die Auswahl der zu öffnenden Modelle weiter ein, um ein gezieltes Laden zu ermöglichen.

⇨ *Öffnen* oder *Öffnen Abhängigkeiten* Dialog ⇨ Bereich *Filter*

Erforderlich lädt nur Modelle, die von den im *Öffnen* Dialog selektierten Modellen abhängig sind.

Verwendet fügt den abhängigen Modellen diejenigen Modelle hinzu, die die abhängigen Modelle verwenden. Ist *Erforderlich* bereits aktiviert, fügt *Verwendet* z. B. zusätzlich die Zeichnungen der abhängigen Modelle hinzu (die Zeichnungen müssen natürlich von der selben Revision stammen).

Verwendet von Hauptteil unterscheidet sich von *Verwendet* darin, dass nur Modelle hinzugefügt werden, die das Hauptteil verwenden.

Referenziert von Hauptteil öffnet nur die direkt vom Hauptteil referenzierten Modelle. Bei Baugruppenmodellen werden hier nur Modelle der obersten Baugruppenebene hinzugefügt (Modelle in Unterbaugruppen nicht).

Keine Zeichnungen, also werden die Zeichnungen nicht geladen.

Benutzerdefiniert ⇨ *Bearbeiten...* ermöglicht das Erstellen eigener Filter.

8.5.10 Suchen nach Dokumenten

Über die Suche besteht die Möglichkeit nach Modellen zu suchen, die in TCX vorhanden, jedoch nicht in der persönlichen Ablage des Benutzers referenziert sind. Die Schnellsuche im *Öffnen* Dialog sucht nach Teilenummern, Versionen, Modellnamen und Dateitypen.

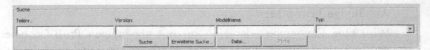

Sollte dies nicht ausreichen, existiert
die *Erweiterte Suche...*, welche die
umfangreichen Suchoptionen - wie
aus TCX RichClient bekannt - an-
bietet.

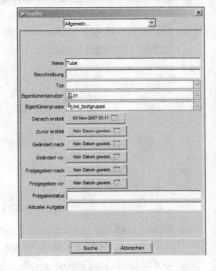

8.5.11 Aktualisierungsfunktionen

Modelle aktualisieren ist erforderlich, wenn neben dem vollständigen
Datensatz in TCX ein weiterer lokaler Datensatz im Cache existiert, welcher nicht vollständig und auch nicht aktuell sein kann (z.B. mehrere Benutzer arbeiten an einem Produkt und Strukturänderungen oder neue Spei-
cherstände entstehen). Zum Aktualisieren des lokalen Datenstandes bietet
der ProE-Client verschiedene Möglichkeiten. ⇨ ProE Menü ⇨ *Teamcenter*

Verzeichnis aktualisieren für alle Dateien des Arbeitsverzeichnisses mit den
Modellen aus TCX heraus aktualisieren. Es werden keine Beziehungen
zwischen Modellen (also keine Baumstruktur) angezeigt.

Aktuelles aktualisieren bezieht sich nur auf das aktive Modell. Ist das aktive Dokument eine Baugruppe, werden auch die Bauteile mit dargestellt.
Die Baumansicht ist verfügbar.

Checkouts aktualisieren wird alle ausgecheckten und in Sitzung befindlichen Modelle mit den Modellen aus TCX aktualisieren.

Alle aktualisieren wird alle in Sitzung befindlichen Modelle aktualisieren.

Der Dialog *Aktualisieren* erscheint nach Auswahl einer dieser Funktionen.
Hier sind alle aktiven bzw. im Cache befindlichen Modelle aufgelistet und
es wird angezeigt, für welche Modelle aktuellere Versionen in TCX vorliegen. Weiterhin wird von Modellen, die eine Familientabelle enthalten,
nur die generische Variante dargestellt.

Das folgende Bild zeigt den Dialog für den Fall *Verzeichnis aktualisieren*. In den ersten drei Spalten symbolisieren verschiedene Icons den Status der Modelle.

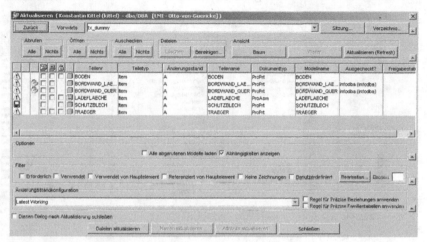

 Die lokale Datei ist älter als die vorhandene Datei in TCX.

 In TCX ist ein neuer Änderungsstand vorhanden.

 Die lokale Datei wurde verändert und sollte in TCX gespeichert werden.

In den nachfolgenden drei Spalten werden die Optionen angeboten, die bereits im Kapitel 8.3.5 erläutert sind.

Soll ein Modell mit einer bestimmten Revision aktualisiert werden, kann dies einfach aus einem Drop-Down-Menü gewählt werden.

Sind die gewünschten Modelle selektiert, so erfolgt das Aktualisieren über den Button *Dateien aktualisieren*. Der Dialog wird danach nicht geschlossen, sondern bleibt geöffnet, um z. B. weitere Verzeichnisse zu aktualisieren (das zu aktualisierende Verzeichnis kann im oberen Bereich des Dialogs eingestellt werden).

Eine **Aktualisierung einer Baugruppe** kann anhand der in TCX gespeicherten Stückliste erfolgen, falls diese in TCX verändert wurde.

⇨ Baugruppenmodell öffnen ⇨ *Teamcenter*

⇨ *Baugruppe aus Stückliste aktualisieren* ⇨ Dialog erscheint

Diese Option mit Dialog ist nur durch die Voreinstellung in den ipem.properties *iman.bom.prompt* = *always* erreichbar, andernfalls wird automatisch ohne Dialog aktualisiert.

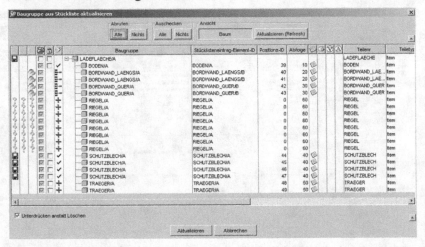

Für die Baugruppe ist zu sehen, dass zwei Änderungen in der Stückliste erfolgt sind. Es wurde das Teil RIEGEL achtmal hinzugefügt.

Wird *Aktualisieren* gewählt, so werden evtl. zu löschende Bauteile aus dem Zusammenbau entfernt und die laut Stückliste neuen Bauteile ins Baugruppenmodell eingefügt. Diese werden beim Bearbeiten im ProE-Dialog *Offene Abhängigkeiten* für den Zusammenbau bereitgehalten.

 Wird eine in TCX aktualisierte Baugruppe über den Dialog *Öffnen* geladen, so wird die im Dialog *Öffnen* gesetzte Änderungsstandregel greifen. Im Dialog *Öffnen* kann die anstehende Aktualisierung durch die Funktion *Baugruppe aus Stückliste aktualisieren* gewählt werden. Nach dem Laden erscheint dann der Dialog *Baugruppe aus Stückliste aktualisieren*.

Wird über den Dialog *Baugruppe aus Stückliste aktualisieren* aktualisiert, so wird die Standard Änderungsstandregel (default) genutzt.

8.6   Teamcenter-Integration für CATIA V5

In diesem Kapitel wird die Verwendung von TCX im Zusammenspiel mit CATIA V5 vorgestellt.

Für die Datenanbindung an den Server werden die Daten über ein Zwischenspeicher von TXC zu CATIA V5 und umgekehrt transferiert. Der Zwischenspeicher beinhaltet die Verzeichnisse CATIA_DATA und CATIA_TEMP, der Ort wird bei der Installation angegeben. Eine mögliche Vorgehensweise zur Installation kann im Online Plus Download-Bereich heruntergeladen werden.

8.6.1   Übersicht zu den Befehlen in CATIA

Eine Besonderheit der CATIA V5-Integration sind die speziellen CATIA - Befehle im RichClient von TCX. Ein Arbeiten mit der Integration erfolgt stets parallel in beiden Systemen. Es wird lediglich zwischen CATIA und dem RichClient hin- und wieder zurückgeschaltet. Nachfolgend ist zunächst eine Übersicht zu wichtigen Befehlen in CATIA abgebildet. Die Symbole sind nach der obigen Anpassung gewählt und erheben keinen Anspruch auf Konsistenz oder Vollständigkeit. Die ausführbaren CAT Scripte sind namentlich konsistent (vgl. Kapitel 8.6.8).

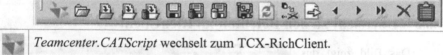

Teamcenter.CATScript wechselt zum TCX-RichClient.

Load.CATScript wechselt zu TCX für das Selektieren und lädt CATIA-Dokumente in ein neues, aktives Fenster.

Load_merge.CATScript wechselt zu TCX für das Selektieren und lädt CATIA-Dokumente als Referenz in das zuvor aktive Fenster.

Load_merge_Target.CATScript lädt nach Markieren einer Baugruppe die entsprechenden Komponenten in das aktive Fenster.

Load_merge_SelectedLevel.CATScript lädt nach Markieren einer Baugruppe die entsprechenden Komponenten und Unterkomponenten.

Save.CATScript für das Speichern des aktiven Objekts. Für eine Baugruppe werden deren Unterkomponenten mit gespeichert (vgl. Speicherndialog).

Save_selected_components.CATScript für das Speichern von selektierten Unterkomponenten einer Baugruppe.

SaveSelectedLevel.CATScript für das Speichern der Komponenten auf der obersten Ebene einer selektierten Baugruppe.

SaveTarget.CATScript für das Speichern einer selektierten Komponente sowie deren Unterkomponenten in einer Baugruppe.

Refresh.CATScript - sind Daten nicht vom aktuellen Benutzer ausgecheckt, so werden hierüber alle Daten einer Baugruppe aktualisiert.

Replace.CATScript ersetzt in einer Baugruppe eine selektierte Unterbaugruppe oder Einzelteilkomponente durch eine andere.

Insert.CATScript fügt einer Baugruppe eine Unterbaugruppe oder eine Einzelteilkomponente hinzu.

Check-out_selection.CATScript

Check-in_selection.CATScript

für die in CATIA selektierten Komponenten einer Baugruppe.

Select_Check_out_elements.CATScript zeigt Checkout-Status an.

PurgeStagingDir.CATScript leert das Cache-Verzeichnis.

StateDetails. CATScript zeigt den Status der aktuell geladenen CATIA-Daten an. CheckIn und CheckOut können hier auch vorgenommen werden.

8.6.2   Übersicht zu den Befehlen im RichClient

Das Bild zeigt das CATIA V5-Menü im RichClient. Die Datentypen für die CATIA-Dokumente werden in TCX bei der Installation eingerichtet. Die Menüeinträge unterscheiden sich leicht in jeder Anwendung *Mein Teamcenter* und *PSE*.

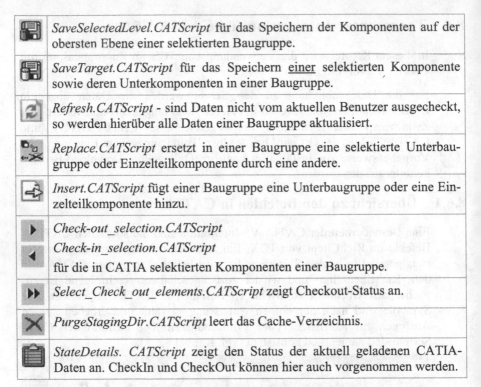

In CATIA V5 laden von selektierten CATIA-Dokumente. Gilt mit und ohne Load-Befehl aus CATIA. Die unterschiedlichen Load-Befehle werden hier bestätigt und beeinflussen das CATIA-seitige Ladeverhalten.

Letzte aktive Formen aktivieren - gemeint ist ein Formular auf Item-Revisonsebene und beinhaltet geometrische Eigenschaften der CAD-Daten.

Zum Vergleich in CATIA V5 laden der ausgewählten Dokumente nur zu Anzeige bzw. Vergleich (comp_***) zu dem gerade in Bearbeitung befindlichen Teilen. Die so geladenen Teile können nicht gespeichert werden.

 Interessant ist hierbei, dass somit unterschiedliche Revisionen des gleichen Teils in CATIA so miteinander verglichen werden können.

Zur Untersuchung in CATIA V5 laden bezieht sich auf CATAnalysis-Dokumente für Simulationen.

Laden, Aktualisieren, Speichern aktualisiert Massen- und Geometrieeigenschaften der selektierten Objekte, indem CATIA im Hintergrund (Batch-Modus) gestartet wird, die Geometrie geladen, aktualisiert und neu gespeichert wird.

Eine Tabellenkalkulation für eine Zeichnung erstellen wird zum momentan gewählten CATIA-Dokument einen Export-Spreadsheet erzeugen und im Export-Verzeichnis abgelegt.

Zeichnung exportieren startet CATIA V5 im Hintergrund (Batch-Modus) und exportiert die Daten nach den im Export-Verzeichnis abgelegten Export-Spreadsheets. Voraussetzung hierfür ist ein Export-Spreadsheet.

 Zu CATIA V5 zurückkehren bricht die Aktionen im RichClient ab und kehrt zu CATIA zurück. Wird aus CATIA V5 durch eine der aufgeführten Funktionen in den RichClient gewechselt, bleibt die CATIA-Benutzungsoberfläche solange inaktiv.

Zusätzliche PSE-Menüeinträge

sind unter dem gleichen Menü, wie soeben vorgestellt, zu finden. Abhängig von der aktiven Anwendung in TCX variieren die Menüeinträge leicht.

Ausgewählte Ebene in CATIA V5 laden erlaubt das Hinzuladen von Komponenten fremder Baugruppen, wenn über *Load_merge_SelectedLevel* aufgerufen wird, sonst erfolgt ein Laden der selektierten Unterbaugruppe.

Export Tabellenkalkulation erstellen wird zur momentan im PSE geladenen Struktur einen Export-Spreadsheet erzeugen und im Export-Verzeichnis ablegen.

Exportieren startet CATIA V5 im Hintergrund (Batch-Modus) und exportiert die Struktur des im Export-Verzeichnis abgelegten Export-Spreadsheets. Voraussetzung für den Export ist ein Export-Spreadsheet.

8.6.3 Teile erstellen und speichern

Neben den Makros für die TCX-Anbindung bleiben die Standard-Datei-Verwaltungsfunktionen ⇨ *Datei* ⇨ Laden und ⇨ *Kopie Speichern* erhalten. Demnach können vorhandene, nicht in TCX gespeicherte Daten herkömmlich von Festplatte geladen und dann über die *Teamcenter*-Toolbar in TCX gespeichert werden.

Neue Teile können auf dem in CATIA V5 herkömmlichen Weg erzeugt werden. Aus TCX heraus können auch verwaltete Vorlagendateien geöffnet und dann mit *Speichern unter...* und neuer ID abgelegt werden.

8.6.4 Teamcenter Save Manager

Für sämtliche Speicheroperationen in TCX steht in CATIA V5 ein *Save Manager*-Dialog zur Verfügung. Dieser erlaubt das gleichzeitige Zuweisen von Verwaltungsinformationen zu verschiedenen geöffneten Dokumenten.

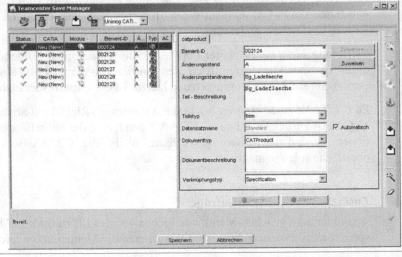

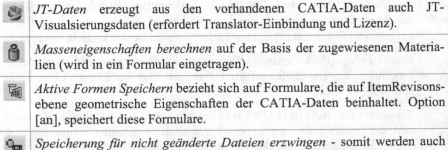	*JT-Daten* erzeugt aus den vorhandenen CATIA-Daten auch JT-Visualsierungsdaten (erfordert Translator-Einbindung und Lizenz).
	Masseneigenschaften berechnen auf der Basis der zugewiesenen Materialien (wird in ein Formular eingetragen).
	Aktive Formen Speichern bezieht sich auf Formulare, die auf ItemRevisonsebene geometrische Eigenschaften der CATIA-Daten beinhaltet. Option [an], speichert diese Formulare.
	Speicherung für nicht geänderte Dateien erzwingen - somit werden auch nicht modifizierte Teile erneut in Teamcenter gespeichert.

In der oberen Menüleiste des Dialogs ist ein Auswahlfeld für die TCX-Ordnerstruktur, in denen die Daten abgelegt werden sollen.

Speichern unter... erlaubt das Ändern der ID oder der Beziehungen und weiteren Eigenschaften für das aus der Liste gewählte Objekt.

Neuer Änderungsstand speichert die in der Liste selektierte Komponente unter einer neuen Revision ab.

Vorhandenes Element verwenden - für die selektierten Elemente der Liste wird eine Item ID und ItemRevision zugewiesen, die keine CATIA-Dokumente beinhalten. Somit werden die CATIA-Daten unter der angegebenen Item/Revision abgelegt. Besitzt das Item bereits CATIA-Dokumente, wird mit Fehler abgebrochen.

Vorhandenes Dokument verwenden ersetzt ein CATIA-Dokument einer ItemRevision durch ein anderes.

Beim Speichern einchecken stellt die von nun an in TCX gespeicherten Daten sofort nach dem Speichervorgang eingecheckt zur Verfügung.

Beim Speichern auschecken - Auscheckstatus der zu speichernden Daten wird aktualisiert.

Zuweisen erzeugt automatisch zu den gewählten Einträgen die von TCX erzeugten Item-IDs, die ItemRevisionen und aus den jeweiligen Komponentenamen die Teilenamen und Teilebeschreibungen. Diese sind nachträglich noch editierbar oder über die *Zuweisen* Buttons manuell ausführbar.

IDs zurücksetzen - die Zuweisung von IDs oder Revisionen wird zurückgenommen.

Der grüne Haken rechts unten gibt an, dass alle notwendigen Informationen zum Speichern in TCX angegeben sind (Minimalinformationen).

8.6.5 Native Daten speichern

Neue Daten werden in CATIA standardmäßig erzeugt oder native geladen und können dann mit dem Speichern-Dialog *Teamcenter Save Manger* verschiedenartig in TCX abgelegt werden.

⇨Natives Laden *der* Baugruppe (hier Beispiel bg_Ladeflaeche) von der Festplatte in CATIA V5 (siehe Abbildung)

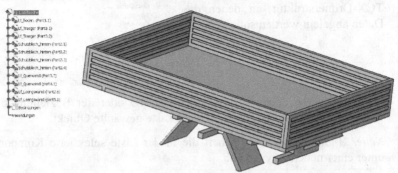

⇨ Aufruf Makro *Save* ⇨ *Teamcenter Save Manger*

⇨ *Teamcenter Save Manager* Dialog erscheint

⇨ in der Dateiliste alle Einträge markieren

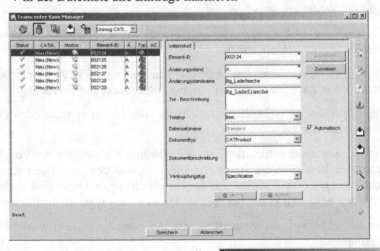

✓ Der grüne Haken rechts unten gibt an, dass alle notwendigen Informationen zum Speichern in TCX angegeben sind (Minimalinformationen).

In der oberen Menüleiste des Dialogs ist ein Auswahlfeld für die TCX Ordnerstruktur, in denen die Daten abgelegt werden sollen.

⇨ *Speichern*

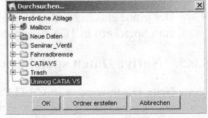

TCX-RichClient-Rückmeldung

Sind die Daten in TCX gespeichert (dieser Vorgang kann einige Minuten dauern), so wird nach erfolgreichem Durchführen eine Zusammenfassung von TCX präsentiert, die alle Informationen zu den Teilen nochmals auflistet. Diese kann mit *OK* bestätigt werden. In TCX sind nun die Teile angelegt.

Aktualisierte Dateiliste

Aktualisierte Dateili...	Status	Teile...	Ä...	Teilenum...
002124_A.CATProduct	Gespeichert	002124	A	002124_A
002125_A.CATPart	Gespeichert	002125	A	002125_A
002126_A.CATPart	Gespeichert	002126	A	002126_A
002127_A.CATPart	Gespeichert	002127	A	002127_A
002128_A.CATPart	Gespeichert	002128	A	002128_A
002129_A.CATPart	Gespeichert	002129	A-	002129_A

Informationen.

Speichern wurde erfolgreich abgeschlossen.

OK

Zurück in CATIA V5

Mit dem Anlegen der Teile in TCX werden auch die Teilenummern in CATIA V5 den ElementIDs aus TCX gleichgesetzt. Dies ist sowohl im Baugruppenbaum als auch in den Komponenteneigenschaften ersichtlich.

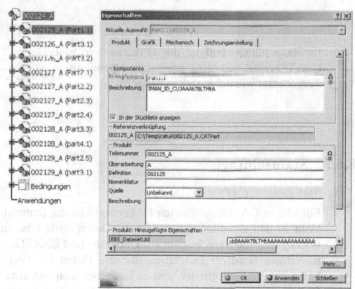

8.6.6 Abhängige Daten speichern

Werden abhängige Daten in CATIA erzeugt, so können diese einfach über die *Save*-Funktion und den *Save Manager*-Dialog der entsprechenden ItemRevision zugewiesen werden.

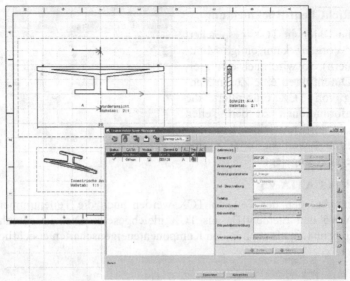

 Im dargestellten Fall ist der Dokumenttyp eine CATDrawing und wird nach dem Speichern in Teamcenter wie nebenstehend abgebildet.

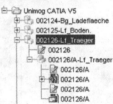

8.6.7 Statusabfrage

 StateDetails. CATScript

Für alle in CATIA geöffneten Dokumente ist die Statusabfrage eine Übersicht zu den aktuellen Zuständen der Daten (gute Übersichtsmöglichkeit). Hieran sind die Berechtigungen, CheckIn- und CheckOut-Status sowie die jeweiligen Benutzer ersichtlich, die die Daten im Zugriff haben. Dieses Fenster ist rein informativ, und es kann hier lediglich eine Veränderung des CheckIn- / CheckOut-Status für die gewählten Dokumente vom derzeitigen Benutzer vorgenommen werden.

8.6.8 Administrative Vorbereitung der CATIA V5 Integration

Die Installation der CATIA V5-Integration erzeugt in TCX neue Werkzeuge und Dokumenttypen sowie neue Menüeinträge im TCX-RichClient. Die Anbindung der Integration an den TCX-Server kann entweder über CAA (Component Application Architecture, erfordert entsprechende Lizenz) oder über CATSkript erfolgen (nachfolgend erläutert). Hier werden in CATIA über eine Reihe von Makros die Funktionen zur Dateiverwaltung mit Teamcenter verfügbar. Die Makros sind wie folgt erreichbar:

⇨ CATIA Menü ⇨ *Tools* ⇨ *Makro* ⇨ *Makros...* (oder Strg+F8)

⇨ *Makrobibliotheken...*

⇨ Installationsverzeichnis der CATIA Integration .../CATSkript angeben

Die verfügbaren Makros werden angezeigt und können ausgeführt werden.

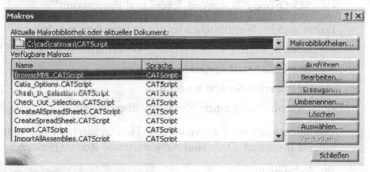

Komfortabler ist es, wenn die Makros in einer Werkzeugleiste mit bestimmten einheitlichen Symbolen versehen sind. Dies ist eine administrative Aufgabe, kann aber auch vom CATIA-Benutzer selbst angepasst werden.

Symbolleiste erzeugen

⇨ CATIA Menü ⇨ *Tools* ⇨ *Anpassen...* ⇨ Reiter *Symbolleisten*

⇨ *Neu* ⇨ eine Symbolleiste *Teamcenter* erzeugen

⇨ *Befehle hinzufügen...* - und alle gewünschten Makros auswählen

Befehlsanzeige editieren

⇨ CATIA Menü ⇨ *Tools* ⇨ *Anpassen...* ⇨ Reiter *Befehle*

⇨ *Kategorie* [Makros] - *Befehle* [*.CATSkript] entsprechend auswählen (hier Load.CATSkript)

⇨ Symbol auswählen und zusätzliche Daten angeben. Symbole sind im Installationspfad von CATIA V5 Integration mitgeliefert (ggf. CATIA - Hilfe für weitere Informationen konsultieren)

Die nachfolgende Abbildung zeigt eine mögliche Einstellung einer Symbolleiste mit den mitgelieferten Icons (nicht vollständig).

8.7 Teamcenter-Integration für Office 2007

Die Verbindung zu MS Office 2003/2007 erfolgt über die Microsoft-Office-Integration. Der Zugriff auf Daten in TCX kann direkt – ohne den Teamcenter Rich- oder Web-Client zu starten - aus einer der folgenden Applikationen erfolgen:

- MS Office 2007: Word, Excel und Outlook
- MS Office 2003: Word, Excel und Powerpoint[10]

Dabei sind im Wesentlichen folgende Funktionen möglich:

- Ordner, Items und MS Office - Dokumente erstellen und verwalten
- MS-Office und JT-Dokumente einfügen
- Teamcenter-Suchen ausführen
- Dokumente an einen Workflow übermitteln

Die Integration wird entweder mit TCX zusammen oder mit Hilfe des Web-Clients installiert. Dazu sind Administrator-Rechte notwendig.

Im Web-Client:

⇨ *Hilfe* ⇨ Installationen

⇨ TeamcenterOffice2007

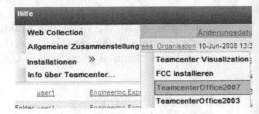

8.7.1 Anmelden

Die Office-Integration wird in MS Word und Excel über die Registerkarte Teamcenter gestartet. Hier sind vier Grundfunktionen enthalten:

---

[10] Die neuen Funktionen sind nur mit Office 2007 verfügbar. Ansonsten ist die Integration wie in TCX 2.X gestaltet.

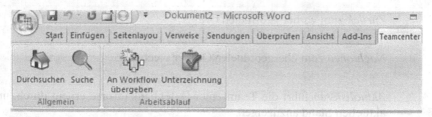

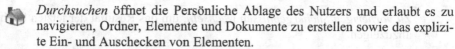

Durchsuchen öffnet die Persönliche Ablage des Nutzers und erlaubt es zu navigieren, Ordner, Elemente und Dokumente zu erstellen sowie das explizite Ein- und Auschecken von Elementen.

Suche nach Elementnummer, Elementname oder Dateiname. Dazu kann der gesamte Begriff oder nur ein Teil angegeben werden. Eine Wildcard ist hier nicht erforderlich.

An Workflow übergeben - Übergabe eines ausgewählten Objektes an einen Teamcenter-Prozess

Unterzeichnung eines Teamcenter-Prozesses wie zum Beispiel der Selbstprüfung im Rahmen der Entwicklungsfreigabe

⇨ LMT Durchsuchen

⇨ LMT auf die Schaltfläche Go

⇨ Benutzernamen und Kennwort eingeben

⇨ Anmelden

Die URL des WebDAV-Servers[11] hat folgendes Format:

http://ServerName:Port/tc

(vgl. Kapitel 7.6 WebClient)

Nach der erfolgreichen Anmeldung ist das Teamcenter-Aufgabenfenster aktiviert und es wird die Persönliche Ablage des Benutzers angezeigt. Die Buttons im Teamcenter-Aufgabenfenster sind nun aktiviert:

---

[11] Web-based Distributed Authoring and Versioning - ein offener Standard zur Bereitstellung von Dateien im Internet, bei dem Benutzer auf ihre Daten wie auf eine Online-Festplatte zugreifen können.

	Zurück zum vorher geöffneten Ordner.
	Nach oben zum übergeordneten Ordner wechseln.
	Aktualisieren führt die Teamcenter-Datenbankabfrage erneut durch, um den aktuellen Stand anzuzeigen.
	Zu vorherigen Suchergebnissen wechseln, um das Resultat der letzten Suche anzuzeigen.
	Ansichtsmodus auswählen, um die Struktur in Listen oder Detailansicht anzuzeigen sowie Spalten mit weiteren Teamcenter-Eigenschaften zur Ansicht hinzuzufügen.
	Neuer Ordner erstellt an der markierten Stelle einen neuen Ordner in TCX.
	Neues Element/Neuer Änderungsstand erstellt ein neues Element, wenn ein Ordner markiert ist, oder einen neuen Änderungsstand, wenn ein bestehendes Element ausgewählt ist.
	Vorlagen öffnet bestehende MS Office Vorlagen aus der TCX-Datenbank, um diese für eigenes neues Dokument zu verwenden.
	Auschecken – explizites Auschecken eines Dokumentes. Im Drop-Down-Menü lässt sich zudem explizit *Einchecken,* das *Ein- und Auschecken abbrechen,* sowie die *Auscheck-Historie* betrachten.

8.7.2   Erstellen eines neuen Office-Dokuments mit TCX-Daten

Beim Erstellen eines neuen Dokumentes in Word oder Excel kann ohne eine bestehende Verbindung zur Datenbank begonnen werden. Erst beim Speichern wird die Wahl getroffen, ob die neue Datei in Teamcenter oder auf Betriebssystemebene gespeichert wird. Wird hingegen eine Vorlage aus der Datenbank benötigt, so muss zunächst die Anmeldung erfolgen, um dann mit Hilfe des Befehls *Vorlagen* aus dem Teamcenter-Aufgabenfenster ein existierendes Template heranzuziehen. Im Beispiel wird eine neue Datei erstellt und mit Daten aus TCX ergänzt.

⇨ *Office* ⇨ *Neu*

⇨ Text in Word Dokument eingeben

⇨ Anmeldung in TCX (durch Speichern oder Template Aufruf)

⇨ Navigieren/Suche in *Persönliche Ablage* nach dem gewünschtem Element oder *Neues Element/Änderungsstand* wählen

⇨ *Office* ⇨ *Speichern*

⇨ Netzlaufwerk *tc on* [Servername] hier *demoserv*

⇨ Navigieren zur ItemRevision und diese öffnen

⇨ Namen eingeben ⇨ *Speichern*

Um Daten aus der Teamcenter-Datenbank in ein Word-Dokument einzufügen, muss zunächst mit *Einfügevoreinstellungen bearbeiten* gewählt werden, wie diese Dokumente mit dem Dokument verknüpft sind.

1. *Details*: Die Eigenschaften werden eingefügt.

2. *Hyperlink*: Ein Hyperlink auf eine HMTL-Seite des Datenbankobjekts wird eingefügt.

3. *Einbetten*: Eine Kopie des JTs oder Bilds oder Office-Dokuments wird in das Dokument eingefügt.

4. *Link*: Eine Verknüpfung auf die Datei oder das Formular wird eingefügt.

 Sollen Daten in Dokumenten außerhalb von Teamcenter (ohne Datenbankanbindung) zur Verfügung gestellt werden, so muss *Details* oder *Einbetten* gewählt werden.

⇨ Markieren des einzufügenden Objekts. Im Beispiel im nachfolgenden Bild ist es das JT-File000265: *Daten in Dokument einfügen*

Die JT-Datei lässt sich per Doppelklick im Office-Dokument bearbeiten. Die Zusatzfunktionen werden per RMT auf die Menüleiste aufgerufen.

⇨ Fertigstellen und *Speichern*

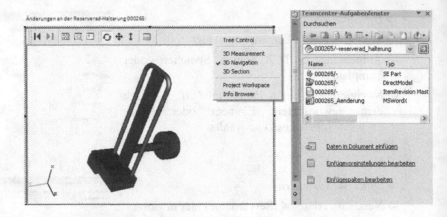

8.7.3   Übermitteln einer ItemRevision an einen Workflow

Die Übergabe eines Elementänderungsstandes an einen Workflow kann auch in MS Word oder Excel erfolgen. Im Gegensatz zur Vorgehensweise im Teamcenter RichClient müssen hier die beteiligten Personen gleich bei der Initiierung des Workflows ausgewählt werden.

⇨ *Durchsuchen*

⇨ *ItemRevision markieren* ⇨ *An Workflow übergeben*

⇨ *Prozessvorlage* auswählen ⇨ *Produktionsversion*

⇨ Beteiligten Benutzer über Gruppe, Rolle und
   Benutzer auswählen

⇨ LMT auf *ExpressOrganisation*
   für die Selbstprüfung

⇨ LMT auf *Prüfer* für die
   Genehmigung

⇨ Benutzer aus der Liste auswählen ggf. mehrere hinzufügen

⇨ *OK*

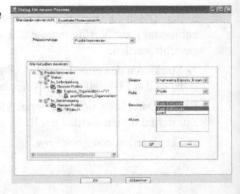

8.7.4 Aufgaben in einem Workflow abarbeiten

Die Unterzeichnung bzw. Genehmigung der Aufgaben in einem Workflow ist in der MS Office-Integration möglich, nach heutigem Stand aber nur in MS Outlook empfehlenswert.

In MS Outlook 2007 wird dazu die Symbolleiste *Synchronize Teamcenter Tasks* verwendet.

Die Anmeldung in Teamcenter erfolgt über:

⇨ *Synchronize Teamcenter Tasks*

⇨ Eingabe von *Benutzername* und *Kennwort* für TCX

Das Synchronisieren mit TCX erfolgt nicht automatisch, so dass in einer längeren Outlook-Sitzung die Aktualisierung wiederholt manuell angestoßen werden muss. Die auszuführenden Teamcenter-Aufgaben werden sowohl im Aufgabenbereich, im Kalender als auch im *„Outlook – Heute"* angezeigt und können von hier mit LMT aufgerufen werden.

Um eine Entscheidung zu treffen, wird es i. d. R. notwendig sein, die Dateien zu öffnen, um diese zu beurteilen. Das kann an dieser Stelle durch einen Klick auf die Datei unter *Anhänge* erfolgen, vorausgesetzt, die entsprechende Anwendung ist installiert.

Für die eigene Entscheidung gibt es drei Möglichkeiten:

 1. *Approve* - Genehmigen

 2. *Reject* - Zurückweisen

 3. *No Decision*

⇨ *Kommentare*: Bemerkung eingeben

⇨ LMT *Approve* zum Genehmigen

Die Teamcenteraufgabe wird nach dem Unterzeichnen aus der Outlook – Aufgabenliste entfernt.

9 Administration

Das Einloggen als Teamcenter-Benutzer mit Datenbank-Administrator-(DBA)-Rechten schaltet die weitere Teamcenter-Applikation *Administration* frei, auf die der normale Benutzer keinen Zugriff hat. Hier können die grundlegenden Tabellen und Werte für TCX konfiguriert werden.

Hier werden auch die Benutzer und die Organisation festgelegt sowie die Zugriffsberechtigungen, Regeln für das Erstellen und Verwalten aller TCX-Objekte sowie die Darstellung von TCX für den jeweiligen Benutzer.

Die sehr umfangreiche Administration kann hier nur auszugsweise dargestellt werden. Für weitere Informationen ist die mitgelieferte Online-Hilfe zu konsultieren.

Für weitere Schritte in diesem Kapitel muss zunächst ein TCX-Administrator angemeldet sein, um die notwendigen Funktionen zur Verfügung zu haben und die Berechtigungen zur Ausführung der Befehle zu erhalten.

9.1 Voreinstellungen

9.1.1 Optionen

TCX verwaltet alle Voreinstellungen in der Datenbank, zentral in den *Optionen*. In den Vorgängerversionen wurden die Einstellungen in einer zentralen Datei namens .iman_env gespeichert.

Der Teamcenter-Administrator hat Zugriff auf alle Einstellungsmöglichkeiten, die Benutzer können Einstellungen nur für ihre persönliche Ablage vornehmen.

⇨ *Bearbeiten* ⇨ *Optionen*

In dem Fenster *Optionen* wird zunächst eine thematisch geordnete Ansicht präsentiert. Um Zugriff auf alle Variablen zu erhalten, kann ganz unten links auf „Index" oder „Suchen" umgeschaltet werden. In der Suche sollte der Suchbegriff in *Sternchen* gesetzt werden.

Beispiel: Auto-Login

Der Administrator legt fest, wie sich die Benutzer anzumelden haben, oder ob ggf. ein automatisches Login auf Basis des Betriebssystemlogins (OS-Kennung) erfolgen kann.

⇨ *Bearbeiten* ⇨ *Optionen*

⇨ *Suche* ⇨Suchbegriff : [*login*]

⇨ *Aktuelle Werte:* [TRUE] oder [FALSE]

⇨ *Modifizieren* ⇨ Fenster mit *Abbrechen* schließen

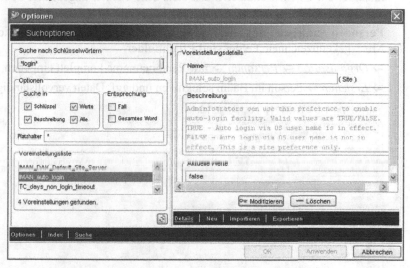

9.1.2   Umgebungsvariablen

TCX verwendet unter anderem folgende Umgebungsvariablen:

Teamcenter Installationsverzeichnis für Standardinstallation:

```
$IMAN_ROOT=C:\Programme\UGS\Teamcenter\Express\V3
```

Teamcenter Datenverzeichnis (auf dem Server) für Standardinstallation:

```
$IMAN_DATA=C:\ugs\TCDATA
```

Teamcenter Portalverzeichnis (RichClient)

```
$PORTAL_DIR=C:\Programme\UGS\Teamcenter\Express\V3\portal
```

Ein Teil der im Weiteren erläuterten Befehle wird über ein Konsolenfenster aufgerufen. Dieser Aufruf erfolgt durch Start in einer Stapelverarbeitungsdatei (batch) zur Initialisierung der Teamcenter-Umgebung. Diese definiert lediglich die Umgebungsvariablen zu Installations- und Datenaustausch Netzlaufwerken (Weiteres im Download-Bereich).

9.2   Organisation

Der Aufbau einer Organisation wurde bereits in Kapitel 3.7 erläutert. Im vorliegenden Kapitel wird im Wesentlichen auf das Anlegen von Elementen der Organisation fokussiert.

9.2.1   Personen, Benutzer und Gruppen manuell anlegen

Personen, Benutzer und Gruppen sind wesentliche Bestandteile einer Organisation. Zu einem Benutzer muss stets eine Person zugeordnet oder neu angelegt werden.

Personen anlegen mit den jeweils gültigen Personalinformationen. Mit * gekennzeichnete Felder sind Pflichtfelder.

⇨ *Organisation* ⇨ *Personen* ⇨ nur Personenname komplett eingeben

⇨ *Erstellen* ⇨ Person im Baum selektieren und ggf. Daten vervollständigen

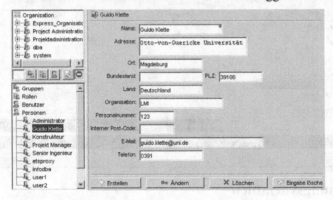

Benutzer anlegen auf der Basis einer Person.

Aus der Erfahrung heraus kann die *Benutzer-ID* wie folgt vergeben werden:

Nachname.Vorname bzw. einen Teil des *Vornamens*[12] So ist die Listenstruktur einheitlich und kann leicht nach Einträgen durchsucht werden.

OS-Name ist hier der Windows-Login, der vom TCX-Benutzernamen durchaus abweichen kann.

Standardgruppe ist für einen Benutzer zuzuweisen, auch wenn dieser später weiteren Gruppen zugewiesen werden kann.

Standard-Volume weist einen Datenbereich zu.

Benutzerstatus Aktiv/Inaktiv kann einen Benutzer zulassen/sperren, ohne dessen Daten zu verlieren.

---

[12] Dies ist ein Vorschlag der Autoren. Die Benutzer-ID-Vergabe kann frei erfolgen..

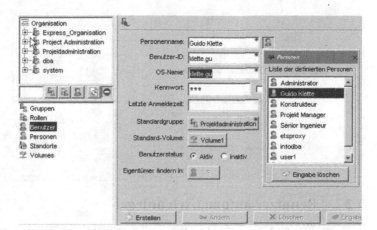

Gruppen werden hierarchisch strukturiert und benötigen zusätzlich zu Namen und Beschreibung ein Sicherheitslevel (Standard ist *Internal* oder *External*) sowie ggf. eine übergeordnete Gruppe. Der Gruppe können vorab vorhandene Rollen zugewiesen werden.

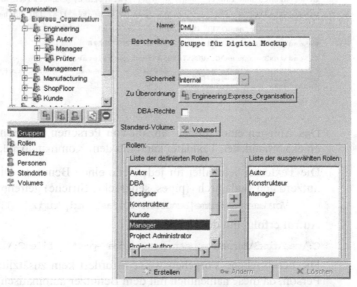

Für das schnelle Anlegen von Benutzern oder Gruppen kann ein Organisationsobjekt gewählt werden (hier Gruppe Engineering/Autor) und über die unten stehenden Buttons ein für die Auswahl gültiges Inhaltsobjekt (hier Benutzer) über einen Assistenten hinzugefügt werden.

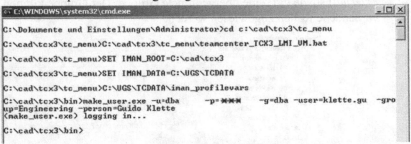

9.2.2   Benutzer automatisch anlegen

Der Befehl make_user beinhaltet viele Funktionen zur Erstellung und Bearbeitung von Benutzerdaten. Der Aufruf erfolgt über ein Konsolenfenster mit den entsprechenden Umgebungsvariablen.

```
C:\WINDOWS\system32\cmd.exe                                    _|□|x|

C:\Dokumente und Einstellungen\Administrator>cd c:\cad\tcx3\tc_menu

C:\cad\tcx3\tc_menu>C:\cad\tcx3\tc_menu\teamcenter_TCX3_LMI_UM.bat

C:\cad\tcx3\tc_menu>SET IMAN_ROOT=C:\cad\tcx3

C:\cad\tcx3\tc_menu>SET IMAN_DATA=C:\UGS\TCDATA

C:\cad\tcx3\tc_menu>C:\UGS\TCDATA\iman_profilevars

C:\cad\tcx3\bin>make_user.exe -u=dba     -p=***  -g=dba -user=klette.gu  -gro
up=Engineering -person=Guido Klette
<make_user.exe> logging in...

C:\cad\tcx3\bin>
```

Das Anlegen einer großen Anzahl von Personen und Benutzern auf Basis einer vorhandenen Textdatei kann mit dem Kommando make_user erfolgen.

Die Textdatei beinhaltet für jede Zeile einen Benutzer. Die jeweiligen Benutzerdaten sind durch | (pipes, senkrechte Striche) getrennt.

Vorname Nachname|Benutzer-ID|Password|Gruppe|Rolle

Aufruf erfolgt mit der Option -file.

C:\cad\tcx3\bin>make_user.exe -u=dba -p=*** -file=C:\list.txt

Die beschriebene Vorgehensweise erfordert kein zusätzliches Anlegen der Person, da diese namentlich mit dem Benutzer automatisch angelegt wird.

Weitere Informationen sind in der Online-Hilfe verfügbar.

 Es sei an dieser Stelle erwähnt, dass mit Hilfe des make_user Befehls sehr viele User automatisiert hinzugefügt werden können. Es existiert zur Zeit aber kein Werkzeug, um diese ebenfalls automatisiert zu entfernen. Daher ist zunächst zu einem Probelauf mit wenigen Benutzern zu raten, um die Funktionalität zu prüfen.

9.2.3 Eigentümer ändern

Der Ersteller eines Objektes ist i. d. R. der Eigentümer (engl. owner) dieses Objektes. Nur ein Benutzer kann auch Eigentümer, das heißt teileverantwortlich sein. Die Eigentümerschaft und/oder die Gruppenzugehörigkeit kann transferiert werden und somit auch spezielle Rechte auf ein Objekt, die andere Benutzer nicht besitzen. Folgendes Vorgehen[13] ermöglicht dies:

⇨ Alle betroffenen Objekte, z. B. vom Item bis zum Dokument wählen

⇨ *Menü* ⇨ *Bearbeiten* ⇨ *Eigentümer ändern* ⇨ *Neuer Eigentümer*

⇨ Nach dem Bestätigen mit *Ja* werden dann Eigentümer und Gruppen-ID für alle markierten Objekte geändert.

 ACHTUNG: Jetzt greifen die neuen Zugriffsrechte für die modifizierte Kombination von Eigentümer und Gruppe. Das kann bedeuten, dass der momentane Benutzer keine Rechte mehr an diesen Objekten besitzt.

9.3 Regelverwaltung

 Die Regelverwaltung erlaubt ohne Programmieraufwand das Konfigurieren und Erstellen von Zusammenhängen zwischen den Teamcenter-Objekten. Im Folgenden werden einzelne Regeln anhand von Beispielen erläutert.

 Die bestehenden Regeln lassen sich mit Hilfe der Export/Import-Funktion sichern und wiederherstellen. Das sollte unbedingt als Recovery Möglichkeit genutzt werden.

 Die Erstellung von **Namensregeln** zu den automatisch vergebenen Item-IDs nach eigens aufgebauten Nummernschlüsselsystemen ist als Anleitung für Smartcodes im Download-Bereich verfügbar.

Aktionsregeln erlauben Pre- und Post-Aktionen auf Teamcenterobjekte für Items und ItemRevisions. Der dadurch definierte Automatismus kann den Benutzer entlasten und somit ein einheitliches Vorgehen aller Benutzer unterstützen. Aktionen werden definiert für Funktionen zum *Erstellen*, zum *Überarbeiten* und für das *Speichern unter*.

Automatische Dokumenterzeugung

Das nachfolgende Beispiel erstellt eine Aktionsregel, die zu jedem neu angelegtem Item ein Word-Dokument hinzufügt.

⇨ *Administration* ⇨ *Regelverwaltung*

⇨ *Erweiterungsregeln* ⇨ *Erweiterungen zuweisen*

---

[13] Eigentümer ändern ist von den jeweils eingestellten Benutzerrechten abhängig.

⇨ *Extension Point Selection* [Item]

⇨ *Vorgang*: [Erstellen] ⇨ *Erweiterungpunkt*: [Nachfolgende Aktion]

⊞ ⇨ *Die Ausgewählten Typen in die ausgewählte Typenliste hinzufügen*

⇨ Spalte *Erweiterungsname* [createObjects] (aus der DropDown-Liste)

⊙ ⇨ *Argumentfenster für* ... ⇨ *objectType*: [MSWord] (DropDown-Liste)

⇨ *Argumentfenster für* ... ⇨ *relationType*: [Anforderungen]

⊞ ⇨ als Argument hinzufügen (+ im *Argumentfenster für* ...) ⇨ *Übernehmen*

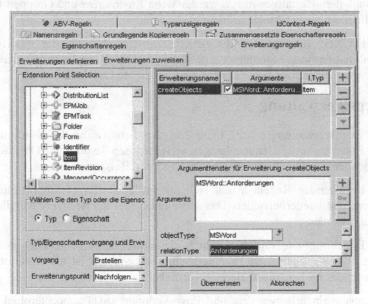

Einschränkung der Revisionsanzahl

Dieses Beispiel zeigt, wie sich die Anzahl der ItemRevisions auf nur zwei beschränken lässt. Anpassung der Aktion für Überarbeiten (Revise):

⇨ *Administration* ⇨ *Regelverwaltung*

⇨ *Erweiterungsregeln* ⇨ *Erweiterungen zuweisen*

⇨ *Extension Point Selection*: [ItemRevision]

⇨ *Vorgang*: [Überarbeiten] ⇨ *Erweiterungspunkt*: [Vorbedingung]

⊞ ⇨ *Die Ausgewählten Typen in die ausgewählte Typenliste hinzufügen*

⇨ *Erweiterungsname*: [checkLatestReleased]

⊞ ⇨ *Parameterwert*: für *maxAllowedWorkrevs* [2] ⇨ „+" Argument hinzufügen

⇨ *Übernehmen* ⇨ *Datei* ⇨ *Schließen*

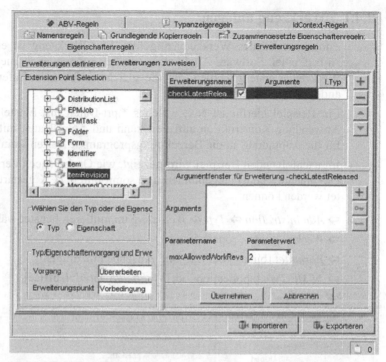

Der Benutzer kann somit keine dritte ItemRevision erstellen und erhält beim Überschreiten der maximale Anzahl folgende Fehlermeldung:

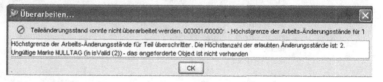

9.4 Datentypverwaltung

Auf Betriebssystem-Ebene ist es selbstverständlich, dass beim Öffnen einer Datei automatisch die dazugehörige Anwendung startet. Dazu werden unter MS Windows die Datei-Typen mit Hilfe der Dateierweiterung registriert. In Teamcenter ist ebenfalls jedes **Dokument** (Dateityp) mit einem **Werkzeug** (Anwendung) registriert. Mit Hilfe des Dokuments und des Werkzeuges können dann auch aus Teamcenter „fremde" Anwendungen gestartet werden.

Dieser Vorgang kann immer dann notwendig sein, wenn neue Versionen eines Programms erscheinen, dessen Dokumenttypen Teamcenter noch nicht bekannt sind.

9.4.1 Werkzeug anlegen

Zunächst wird das Werkzeug angelegt. Das Werkzeug ist ein spezifischer Aufruf einer Software-Applikation. Dabei können auch mehrere ähnliche Werkzeuge erstellt werden, die die gleiche Software aufrufen, aber jeweils andere Parameter übergeben.

Ein Beispiel hierfür ist NX, welches *.prt-Daten mit Einstellungen für die Anwendung Konstruktion aufrufen kann und *.sim-Daten mit Einstellungen für die Anbindung an die Berechnungsprogramme starten kann.

Im nachfolgenden Beispiel wird gezeigt, wie OpenOffice (Version 2.0)-Text-Dokumente (*.odt) eingebunden und somit durch TCX gestartet und verwaltet werden können.

⇨ *Administration* ⇨ *Typ* ⇨ *Werkzeug* im mittleren Fenster wählen

⇨ *Werkzeugname*: [openoffice]

⇨ *Formate*: [binary] bei Ein- und Ausgabe hinzufügen

⇨ *MiME/Typ*: [application/.odt] ⇨ *Shell/Symbol*: [soffice]

⇨ *Erstellen*

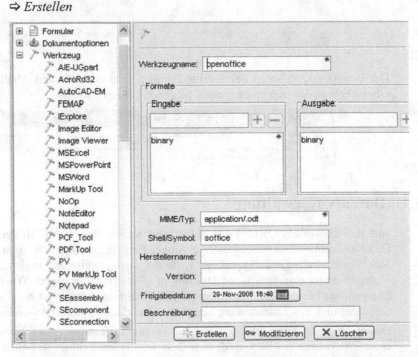

Das Werkzeug ist erstellt und wird nun mit einem Dokument verknüpft.

9.4.2 Erstellen der Dokumentoption

Vorgehensweise:

⇨ *Administration* ⇨ *Typ* ⇨ *Dokumentoptionen* im mittleren Fenster wählen

⇨ *Dokumenttypname*: [ODT_Dataset]

⇨ *Werkzeuge*: Aus Liste der Werkzeuge [OpenOffice] wählen

⇨ *Erstellen*

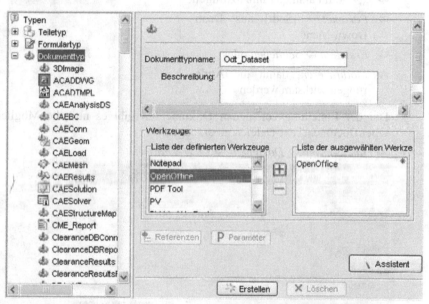

⇨ *Referenzen*

⇨ „+", um eine Zeile hinzuzufügen

⇨ *Referenz*: [odt]

⇨ *Datei:* [*.odt]

⇨ *Format*: [BINARY]

P ⇨ *Parameter*

⇨ Ordner Werkzeuge

⇨ [OpenOffice] selektieren

⇨ *Referenzliste*

⇨ Spalte *Auswählen* [an]

⇨ Spalte *Exportieren* [an]

⇨ „+" um Parameter hinzuzufügen

⇨ *Parameter*: [$odt] aus Drop-Down-Menü

⇨ *Erstellen* ⇨ *Schließen* oder

⇨ *Modifizieren*, damit die Änderungen wirksam werden

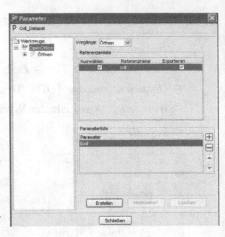

Bei der Erstellung von neuen Dokumenten gibt es nun die Möglichkeit, OpenDocumentText-Dateien zu erzeugen.

⇨ *Datei* ⇨ *Neu* ⇨ *Dokument* ⇨ *ODT-Dataset*

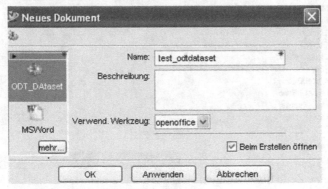

9.5 Befehlsunterdrückung

Der Administrator hat die Möglichkeit, Befehle in den Menüs und der Iconleiste auszublenden, um die Oberfläche für den Benutzer übersichtlicher zu gestalten, um Missverständnisse zu vermeiden oder die Möglichkeiten der Benutzer bewusst einzuschränken. Als Beispiel soll in TCX der Befehl *Speichern unter...* für die Autoren ausgeblendet werden, da dieser im CAD-System eine andere Bedeutung als in TCX hat.

⇨ Einloggen als Benutzer mit DBA-Rechten

⇨ *Administration* ⇨ *Zugriffsverwaltung*

⇨ *Mein Teamcenter* als Anwendung wählen

⇨ *Autor* der *Engineering* Gruppe wählen

⇨ *Datei* ⇨ *Speichern unter...* im rechten Fenster wählen

⇨ *Ausblenden* ⇨ die markierte Menü-Position wird rot durchgestrichen.

 ⇨ *Speichern* ⇨ erst jetzt ist diese Auswahl in TCX gespeichert und die neuen Einstellungen aktiv.

 Zu beachten ist, dass die Befehlsunterdrückung für jede Teamcenteranwendung ausgeführt werden muss. Die neuen Einstellungen sollten unbedingt im Kontext der betroffenen Benutzer getestet werden.

9.6 Zugriffsverwaltung

Die Rechtestruktur lässt sich auf mehreren Wegen beeinflussen, da für ihre Wirksamkeit folgende Faktoren eine Rolle spielen

1. Organisation (Gruppe/Rolle/Benutzer)
2. Teamcenter Objekte (Ordner, Dokumente etc.)
3. Statusnetz (Prozesse ändern die Rechte)
4. Objekt ist in einem Workflow

Die Applikation Zugriffsverwaltung bietet dazu einen „Regelbaum", in dem sich die Rechte sehr fein einstellen lassen. Für diesen Regelbaum gilt:

- So weit als möglich unten im Regelbaum arbeiten.
- Der oberste Punkt *Bypass* umgeht alle gesetzten Rechte!
- Rechte, die weiter oben gesetzt sind, werden höher priorisiert. Werden darunterliegende Regeln verändert, muss zunächst geprüft werden, ob nicht weiter oben im Baum eine Regel steht, die die untere wieder aufheben kann.
- Veränderungen sollten immer auf einer Testinstallation überprüft werden, mit einer eigener Datenbank und eigenem Volume.

Beispiel: Nur die Gruppe *Engineering Express Organisation* soll Zugriff auf das *UGMaster* haben. Alle anderen Benutzer sollen vom CAD-Modell ausgeschlossen werden und sich mit dem JT-Modell begnügen.

 Im Regelbaum sollten Änderungen immer erst nach einer Sicherung erfolgen. Der bestehende Regelbaum lässt sich mit *Datei* ⇨ *Export* in eine Datei sichern.

Vorgehensweise

⇨ Einloggen als Benutzer mit DBA-Rechten

⇨ *Administration* ⇨ *Zugriffsverwaltung*

In dem rechten Feld für *Benannte ZRL* (ZugriffsRechteListe lässt sich dann entweder ein bereits eingerichtetes Rechtemenü benutzen oder ein neues Rechtemenü anlegen.

⇨ *ZRL-Name* [UG-Rechte]

⇨ *Erstellen*

Damit ist die neue Liste angelegt. Jetzt müssen die Rechte definiert werden.

⇨ *Hinzufügen eines Zugriffverwaltungseintrags zur ZRL* betätigen.

In der neuen Zeile lässt sich per DropDown-Liste jeder Eintrag einzeln bearbeiten. Zunächst werden die Genehmigungen gesetzt, danach der Ausschluss der nichtberechtigten Teamcenter-Benutzer (alle anderen = *World*). Die DBA-Benutzer sollten immer mit eingebunden werden, um sich nicht selbst auszuschließen.

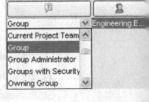

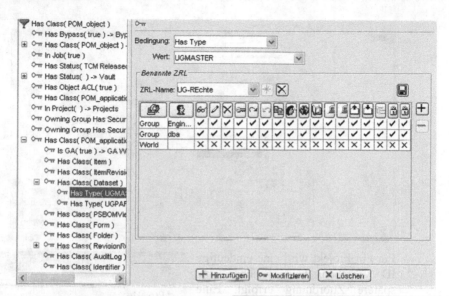

Das Speichern der neuen Zugriffsrechteliste erfolgt über die sichtbar
gewordene Diskette.

Die Änderungen im Regelbaum werden hingegen mit dem Disketten-
symbolen links im Fenster gespeichert.

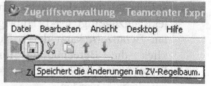

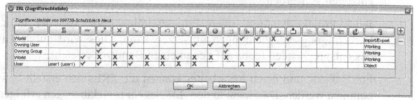

9.7 Projektadministration

Projekte dürfen nur von privilegierten Benutzern angelegt und verwaltet
werden. Hierfür ist in der Anwendung Administration ein separater Eintrag
vorhanden. *Administration* ⇨ *Projekt* ⇨

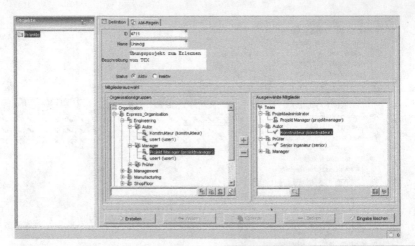

Für ein Projekt wird eine eindeutige ID vergeben, nach welcher eine spätere Zuordnung erfolgt. Eine Liste der definierten Projekte ist in der linken Spalte abgebildet.

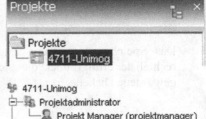

Aus der bestehenden Organisation werden entsprechend einer Projekt-teamzusammenstellung Benutzer ausgewählt und dem aktuellen Projekt hinzugefügt (+/-). Hinzugefügten Benutzern kann durch Doppelklick die Berechtigung für die Projektmitarbeit gegeben ✔oder entzogen ✘ werden.

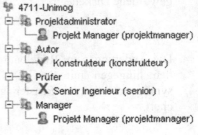

 Jedes Projekt benötigt einen Projektadministrator, welcher u. a. diese Berechtigungsentscheidungen umsetzen kann. Dies wird durch Zuweisen des entsprechenden Icons auf genau einen Benutzer erreicht.

Für Projekte und deren Mitarbeiter können die ZRLs neu erstellt bzw. übernommen werden. Dies kann in den *AM-Regeln* projektbezogen erfolgen.

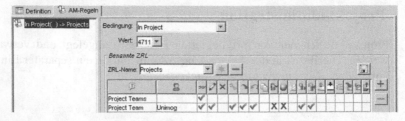

9.8 Log-Dateien

Teamcenter schreibt Log-Files aus mehreren Anwendungen. Hier finden sich die Informationen, die unter anderem bei der Fehleranalyse hilfreich sind.

Logs des Lizenzservers

Die vom Lizenzserver erstellten Log-Files lassen sich entweder über das flexlm-Tool betrachten, oder durch Aufruf der Datei

- ugflexlm.log für NX und Teamcenter. Diese Datei steht unter X:\Programme\UGS\License Servers\UGNXFLEXlm

- debug.log für Solid Edge, unter X:\SEFlex\Program

Logs der Anwendungen

Die Informationen zur Diagnose von NX und Teamcenter-Problemen befinden sich in den .syslog Dateien, die in dem Temp-Ordner des Benutzers abgelegt werden. Windows-Standard:

C:\Dokumente und Einstellungen\USER\Lokale Einstellungen\Temp:

Folgende Log-Files werden hier abgelegt:

USER96d00dc0.syslog	NX Log-File
tcserver.exe2a456c70.syslog	Teamcenter Log-File
apiserver.exe987f9280.syslog	Teamcenter Log-File
USER_session1186124051265.log	Teamcenter Log-File
Solid Edge Manager55845370.syslog	SEEC Log-File
FCC.log	Protokoll des FMS (File Management System)

 Eine Kontrolle sollte regelmäßig erfolgen, ebenfalls ein Löschen der alten Log-Files.

SQL Server Logs sind im Programmordner des SQL-Servers zu finden:

X:\Program Files\Microsoft SQL Server\MSSQL.1\MSSQL\LOG

Sachwortverzeichnis

Nachschlagewerke Maschinenbau

Böge, Alfred (Hrsg.)
Vieweg Handbuch Maschinenbau
Grundlagen und Anwendungen der Maschinenbau-Technik
19., überarb. u. erw. Aufl. 2008. ca. XXVIII, 1524 S., mit 2022 Abb. u. 441 Tab.
und mehr als 5000 Stichwörtern Geb. ca. EUR 69,90
ISBN 978-3-8348-0487-7

Böge, Alfred (Hrsg.)
Formeln und Tabellen Maschinenbau
Für Studium und Praxis
2007. XIV, 392 S. mit über 1200 Stichworten (Viewegs Fachbücher der Technik)
Br. EUR 24,90
ISBN 978-3-8348-0032-9

Geiger, Walter / Kotte, Willi
Handbuch Qualität
Grundlagen und Elemente des Qualitätsmanagements: Systeme - Perspektiven
5., vollst. überarb. u. erw. Aufl. 2008. XXVI, 596 S. mit 210 Abb. Geb. EUR 49,90
ISBN 978-3-8348-0273-6

Klein, Martin
Einführung in die DIN-Normen
Bearbeitet von Dieter Alex, Andrea Fluthwedel, Wolfgang Goethe, Tim Hofmann,
Gerhard Imgrund, Manfred Kaufmann, Peter Kiehl, Stefan Krebs, Barbara Rasch,
Bärbel Schambach, Alois Wehrstedt
DIN Deutsches Institut für Normung e.V., (Hrsg.)
14., neubearb. Aufl. 2008. 1090 S. mit 2051 Abb. u. 733 Tab. und 352 Bsp. Geb. EUR 64,90
ISBN 978-3-8351-0009-1

**VIEWEG+
TEUBNER**
Abraham-Lincoln-Straße 46
65189 Wiesbaden
Fax 0611.7878-400
www.viewegteubner.de

Stand Juli 2008.
Änderungen vorbehalten.
Erhältlich im Buchhandel oder im Verlag.